高等教育理工类"十四五"系列规划教材

机械工程专业

综合实验教程

主　编◎何　俊　　林思建
副主编◎王竹卿　　田大庆　　穆　飞
　　　　邓成军　　夏　斌

四川大学出版社
SICHUAN UNIVERSITY PRESS

图书在版编目（CIP）数据

机械工程专业综合实验教程 / 何俊，林思建主编
. — 成都：四川大学出版社，2022.8
ISBN 978-7-5690-5485-9

Ⅰ．①机… Ⅱ．①何… ②林… Ⅲ．①机械工程—高
等学校—教材 Ⅳ．① TH

中国版本图书馆 CIP 数据核字（2022）第 096396 号

书　　　名：机械工程专业综合实验教程
　　　　　　Jixie Gongcheng Zhuanye Zonghe Shiyan Jiaocheng
主　　　编：何　俊　林思建
丛 书　名：高等教育理工类"十四五"系列规划教材

丛书策划：庞国伟　蒋　玙
选题策划：蒋　玙
责任编辑：蒋　玙
责任校对：唐　飞
装帧设计：墨创文化
责任印制：王　炜

出版发行：四川大学出版社有限责任公司
　　　　　地址：成都市一环路南一段 24 号（610065）
　　　　　电话：（028）85408311（发行部）、85400276（总编室）
　　　　　电子邮箱：scupress@vip.163.com
　　　　　网址：https://press.scu.edu.cn
印前制作：四川胜翔数码印务设计有限公司
印刷装订：成都市新都华兴印务有限公司

成品尺寸：185 mm×260 mm
印　　张：15.5
字　　数：373 千字

版　　次：2023 年 1 月　第 1 版
印　　次：2023 年 1 月　第 1 次印刷
定　　价：53.00 元

扫码查看数字版

四川大学出版社
微信公众号

前　　言

机械工程学科是以相关自然科学理论为基础，结合生产实践中的技术经验，研究各种机械的全生命周期理论和实际生产应用的技术性学科。

现代机械不仅涉及传统的机械设计、机械制造等内容，而且包括机电一体化技术、控制技术、数控技术和检测技术等相关内容，是一门综合性交叉学科。实验在机械工程学科教学中承担着非常重要的作用，是理论与实践相联系的桥梁，更是高校学科教学与机械行业相联系的纽带。实验可以加强学生对理论知识的理解和应用，让学生直观认识不同的机械工业元器件和设备，补充课堂理论知识可能没有涉及的实际应用问题。

为加强机械工程专业实验教学，编者根据多年教学经验，参考国内各大高校实验课程情况，编写了这本《机械工程专业综合实验教程》，目的在于将机械工程专业实验教学系统化、层次化。

本书共分为 9 章。第 1 章阐述实验安全与教学方法，第 2~8 章按照理论教学顺序安排相关实验，第 9 章为综合及创新设计实验。

本书参考了国内相关院校出版的实验教材和理论著作，也有部分内容源于设备使用说明书和相关资料。姚进教授、梁尚明教授、高山老师对本书的编写提出了诸多有益建议，博士研究生马力超参与了资料的整理工作，在此一并致谢。

由于编者水平有限、经验不足，书中难免存在不当之处，恳请广大读者批评指正。

编　者
2021 年 8 月

目　　录

第1章　实验安全与教学方法

机械工程学科是实践性很强的学科，实验教学为重要的实践教学手段，是对课堂教学的支撑和补充，更是学生接触工程实践的重要手段。机械工程专业特点决定了实验环境潜藏非常多的危险因素，其中不乏目前无法避免的因素，易造成事故甚至严重的人身伤害。此外，设备可能会用到润滑、冷却等易污染环境的油液，不进行有效处理而随意倾倒，会造成环境污染。为此，开展实验教学之前，必须进行安全环保教育，增强安全环保意识，师生共同防患于未然。

1.1　实验室安全环保注意事项

机械工程实验室安全环保问题主要涉及机械伤害、零部件伤害、高温激光伤害、电气伤害、火灾、液体泄漏危害、固体废弃物危害等，针对机械工程实验室所面临的安全环保问题，所有参与人员必须明确潜在风险，熟知安全环保注意事项。

1.1.1　机械伤害注意事项

机械工程实验室最多的危险因素莫过于机械伤害，实验室内大量的机械设备尤其是机械加工设备和高速重载设备是事故发生"重灾区"。实验室内有各种机械加工床和机械传动测试设备，此类设备工作时，时刻在做相对运动，特别是高速旋转运动。机械伤害危害性大、发生时间短、救援难度大，这就要求实验参与人员注意以下事项：必须熟悉设备操作规程，明确各操作按钮功能，能够迅速找到急停开关的位置；设备运转时远离机械运动部分，设备停机且关闭电源后方可靠近或进入设备内部进行必要操作；设备上严禁摆放任何物品；设备操作者严格按照要求着装，如不得穿高跟鞋、拖鞋、短裤、裙装，女同学需将长发盘起并戴帽等；参与人员严禁进入危险区域；设备严禁超负荷使用和超范围使用；实验前需进行模拟，确保安全后方可进行实验；必须在指导人员在场的情况下启动设备。

1.1.2　零部件伤害注意事项

机械零部件的材质决定了其质量较大，实验项目涉及拆装类实验，如减速器、汽油发动机拆装，拆装过程中必须注意零部件摆放安全可靠，杜绝掉落砸伤。同时，肢体末端不可接触手动旋转部件可运动部分（如齿轮、曲轴），避免夹伤。加工完成后，零件边缘有锋利的毛刺飞边，严禁用手直接触碰，避免划伤。

1.1.3 高温激光伤害注意事项

机械运行过程伴随热量产生，机械加工过程也伴随热量产生，常用的 3D 打印设备也必须依靠高温才能工作。因此，机械工程实验室存在高温伤人的危险。所以严禁直接接触刚加工完的工件和刀具，以及刚停机的机械运动副部分，特别注意远离 3D 打印设备打印头和刚加工完的零件。激光在实验室内也有运用，如激光切割机和激光三维扫描仪，其对人体尤其是眼睛有较大伤害，使用时必须带护目镜，且不可直视激光光束。

1.1.4 电气伤害注意事项

机械设备大都采用电机驱动，需要三相动力电提供动力，触电是机械工程实验室的高发危险。为避免电气伤害，需要注意：所有设备必须可靠接地；不能带电打开设备电柜；线路插座等必须完好无破损；不可湿手操作电气设备；变频器等电机控制设备断电后还有余电，必须等待厂家规定时间才能检修，检修时必须挂牌，他人严禁合闸上电；设备连接电线必须套管保护；设备必须配备单独的空气开关；潮湿环境需安装接地故障断流器；严禁私拉乱接电线；严禁非专业人员私自改动电路结构；配备除静电装置。

1.1.5 火灾注意事项

机械工程实验室火灾主要有电路起火和可燃液体起火两种情况。为避免火灾，要定期检查消防设备，定期检修供电线路，保证线路连接安全可靠，严禁吸烟和使用明火，严禁私拉乱接和使用违规电器，严禁超负荷使用实验设备，可燃液体（如汽油、煤油等）远离火种单独存放，电加工设备必须在液面下隔绝空气放电，除实验需要外严禁堆放易燃易爆物品，有火灾隐患设备工作时必须有人全程现场监控，制定实验室逃生路线并开展演练。

1.1.6 液体泄漏危害注意事项

机械设备离不开各种油料，如润滑油、切削油、切削液、液压油、齿轮油等，液体泄漏会对环境尤其是土壤和地下水造成污染。为杜绝液体泄漏，要求机械工程实验室设备密封良好、无泄漏；定期检查供油和切削液管路并及时更换破损管路、接头、阀门；废油废液集中回收，不可直接倾倒；液压类设备必须在安全压力范围内使用；管路连接可靠，无渗漏。

1.1.7 固体废弃物危害注意事项

机械加工过程会产生大量废料和铁屑等固体废弃物，其属于可回收利用资源，随意倾倒既浪费资源，又污染环境。实验后，必须清理加工设备，将固体废弃物集中存放。

1.2　事故应急处理措施

1.2.1　事故处理流程

事故一旦发生，立即启动应急预案，积极组织现场救援工作，并报本单位分管领导及学校相关部门。相关部门及人员在第一时间赶赴现场，指挥救援和人员撤离。若发生火灾且现有灭火设备无法控制，立即拨打 119 报警求助，若有人员伤亡，立即拨打 120 抢救伤员。对重大及较大安全环保事故，学校实验室安全环保工作领导小组立即启动相关应急预案，负责应急处置工作，全力控制事态发展，果断控制或切断事故灾害链。确认事故后立即向相关部门报送事故信息及采取的措施。对迟报、谎报、瞒报和漏报实验室安全与环保事故及其重要情况的，根据相关规定对有关责任人给予相应处分；构成犯罪的，移交司法机关追究刑事责任。

1.2.2　机械伤害应急处理措施

一旦发生机械伤害，应当迅速按下急停按钮并切断设备电源，防止伤害进一步扩大。当身体某一部位卷入设备时，不可强行拖拽伤员，防止二次伤害，及时向有关部门寻求救援，积极组织相关人员进行救援。对轻伤人员进行消毒、止血、包扎、止痛等临时措施，尽快将伤者送医治疗。对于重伤人员，在寻求专业指导的情况下进行包扎、止血、固定等临时措施，防止伤情恶化，迅速拨打 120，送附近医院急救。

1.2.3　火灾事故应急处理措施

发现火情后，现场人员应保持冷静，辨明方向和火势，迅速使用灭火器等消防器材灭火，力争在火灾初期控制并扑灭火情。同时呼喊周围人员参与灭火和报警，一旦发现火势无法控制，应快速按下火灾报警器，呼喊实验室其他人员快速撤离，并立即报警。当电路引起火灾时，应及时切断电源再灭火。当电源不能及时切断时，一方面派人到供电端拉闸，另一方面组织灭火人员与带电体保持安全距离。灭火期间若有人员受伤，应以抢救伤员为主，火灾扑灭后应留人员观察现场情况，防止火场复燃。

1.2.4　触电应急处理措施

实验室发生触电时，应先断开电源，再开展救助。人体触电后，可能会因痉挛或失去知觉等紧抓带电体，不能自行摆脱，救援人员需选择适合的方法使触电者尽快脱离电源。以快为原则，必须使用适当的绝缘工具，最好用一只手操作，以免救护者触电。为防止高处触电者断电后发生摔伤，必须用安全网接人或用绝缘物、绳索将触电者固定。为防止站立触电者脱离电源后突然倒地加重伤害或被其他物品伤害，可采用竖向拉开安全网或由抢险人员手拉绳索、安全网的方法接住倒下的触电者。如果触电事故所在实验室潮湿，抢险人员可将干燥的木材等作为绝缘物放于脚下防止触电。触电者脱离电源后，立即进行急救，若伤者呼吸停止或心脏停止跳动，应立即进行人工呼吸和胸外心脏按压抢救。

1.2.5　其他伤害处理措施

实验过程中若发生零部件掉落、夹伤、划伤，应根据伤情进行处理。若为轻伤，采取消毒、止血等临时措施，并及时送医院进行包扎处理。若伤势较重，对受伤部位进行消毒、止血、固定，并立即拨打 120 求助。实验过程中若发生烫伤，切勿用水冲洗。如果皮肤未破，可用烫伤药膏等处理；如果皮肤已破，可涂抹紫药水处理。当发生液体泄露时，应及时关闭液体通道。如果少量泄漏，用棉纱、棉布吸收或用消防沙覆盖；如果大量泄漏，构筑围堤或挖坑收容，用泵转移至槽车或专用收集器内，回收或运至废物处理场所。

1.3　实验教学方法

先进的教学体系和合理的教学内容安排是取得高质量教学效果的前提，教学目的在于学生学到了多少，而不是教师讲授了多少。高质量的实验教学效果主要取决于学生的参与程度。实验教学吸引学生的关键不是按部就班地完成实验项目，而是将"实验"转化为"试验"，将填鸭式教学转变为学生自主、师生互动的讨论式教学，从而调动学生的实验兴趣，提高学生的实验参与程度。

1.3.1　实验教学环节

（1）进行实验前预习。讨论式教学的前提是实验前预习，通过预习明确实验要做什么、怎么做、要达到怎样的实验效果，并发现问题，产生讨论话题。

（2）做好实验课堂教学工作，注重实验过程。实验教学的目的是巩固理论知识，锻炼学生的动手能力，培养学生的协作和交流能力，拓宽学生的视野，通过实验教学和实验过程指导，方便学生快速掌握实验技能，启发学生思考。

（3）开展讨论式教学，加强交流互动。给学生更多的发言权，鼓励学生大胆发表意见。实验项目完成后，组织学生对实验结果、实验过程、实验操作技巧等开展讨论，引导学生主动思考和实验验证，培养学生的分析能力和实验设计能力。

（4）培养学生发现问题和解决问题的能力。实验教学通常涉及多门课程知识，培养学生通过实验提取关键结论，运用理论知识解释和解决实验问题，这是实验教学的意义。

1.3.2　实验技术、方法、手段

（1）演示和验证性实验，主要利用通用、经典的实验设备、技术手段，参照实验原理和要求开展，目的在于使学生学习基础知识，掌握操作技术，从而理解理论教学内容。

（2）综合性、设计性和开放性实验，利用实验室最新、最先进的仪器设备，培养学生的创新能力，让学生掌握先进的实验方法和手段，提高实验精度和效果。

（3）采用多种类型实验并举的手段，根据学生的学习背景合理安排实验层次，以综合性、设计性和开放性实验为主体，注重学生创新能力的培养。

（4）依据课程和实验项目特点，在实验教学过程中配合可视化影音材料，加强教学效果。在实验指导过程中，将集中讲解和个别指导相结合，对于不同学生个体因材施教。对于设计性实验，应从方案到实施由师生共同探讨，确保实验安全有效。

1.3.3　考核

实验成绩考核采取多种办法，主要根据实验内容和考核方法的可操作性。考核依据主要包括实验报告，操作表现，实验课程的纪律性、安全意识，设计性和综合性实验的创新性，开放性实验的纪律表现和分析能力等。根据各项考核所占权重，得出综合成绩，即为实验成绩。

第 2 章　机械原理实验

机械原理实验是机械原理课程的实验环节，共包含 5 个实验，具体为机构认知实验，机构运动简图测绘实验，基本平面机构设计及运动学、动力学实验，范成法绘制渐开线齿廓实验，刚性转子动平衡实验。该部分实验多为演示和验证性实验，重在验证课堂所学理论，加深学生的理解，要求学生充分运用所学机械原理知识完成实验。

2.1　实验 1　机构认知实验

2.1.1　实验目的

（1）配合课堂教学，通过对实际机器、机构、机构运用实例的展示，让学生掌握各种常见机构的结构、类型、特点及运用，增强学生对实际机械系统的认识，加深学生对理论知识理解。

（2）开阔眼界，增强对机械学科兴趣，培养观察能力和创造意识，激发学生创新欲望。

2.1.2　实验原理与内容

机器由许多基本运动装置组成，这些基本运动装置便是常用机构。常用机构包括连杆机构、凸轮机构、齿轮机构、棘轮机构、槽轮机构、不完全齿轮机构、螺旋机构、万向联轴节。事实上，机器的运动部分就是由这些机构组合而成的。机械原理的主要研究对象就是机构和机构组合。组织学生参观各种常用机构模型，通过模型的动态演示和现场讲解，增强学生对机构与机器的认识，对常用机构的结构、运动和运动特性、特点有一定了解，提高其对学习机械原理课程的兴趣。

（1）机器、机构的认识。其主要包括内燃机、蒸汽机、缝纫机和运动副。通过实物观察，学生认识到机器是由一个机构或几个机构按照一定运动要求组合优化而成的，要研究任何机器的特性，必须先掌握各种机构的运动特性。在机械原理中，运动副是由两个构件直接接触而组成的可动连接，包括高副、低副、转动副、移动副等。

（2）平面连杆机构的基本形式。平面连杆机构中结构最简单、应用最广泛的是四杆机构，四杆机构可分成铰链四杆机构、单移动副机构、双移动副机构三类。铰链四杆机构是最基本的形式，其他四杆机构可视为由铰链四杆机构通过各种方法演化而来。铰链四杆机构又有三种基本类型：曲柄摇杆机构、双曲柄机构、双摇杆机构。单移动副机构是将铰链四杆机构中的一个转动副演化成移动副而得到的，常见的单移动副机构有曲柄滑块机构、曲柄摇块机构、转动导杆机构和摆动导杆机构等。双移动副机构是带有两个移动副的四杆机构，常见的双移动副机构有定块机构、双滑块机构和双转块机构。

（3）平面连杆机构的应用。平面连杆机构的应用包括颚式破碎机、飞剪机、压包机、翻转机构、摄影升降机、起重机、火车轮等。连杆结构一般用来增力、扩大行程和实现远距离传动。

（4）凸轮机构。凸轮机构是含有高副的机构，在自动机械和半自动机械中有广泛应用。凸轮机构可把主动构件的连续运动转变为从动件严格按照预定规律的运动。凸轮机构主要由凸轮、从动件及机架三个部分组成。凸轮机构按照凸轮的形状分为盘形凸轮机构和圆柱凸轮机构，按照推杆形状分为尖顶推杆凸轮机构、滚子推杆凸轮机构和平底推杆凸轮机构，按照推杆运动形式分为直动推杆凸轮机构和摆动推杆凸轮机构。另外，还有圆锥凸轮机构、弧面凸轮机构、球面凸轮机构等。

（5）齿轮机构和齿轮传动。齿轮机构是应用最广泛的一种传动机构，通过一对齿面间的依次啮合来传递运动和力，可用来传递空间任意两轴的运动和力。齿轮机构根据传动轴线的相对位置分为平行轴齿轮机构、相交轴齿轮机构和交错轴齿轮机构。平行轴齿轮传动有外啮合、内啮合、齿轮齿条三种形式。外啮合有直齿圆柱齿轮传动、斜齿圆柱齿轮传动、人字齿轮传动，内啮合有直齿圆柱齿轮传动和斜齿圆柱齿轮传动，齿轮齿条有直齿轮传动和斜齿轮传动。相交轴齿轮传动有直齿圆锥齿轮传动、斜齿圆锥齿轮传动和曲线齿圆锥齿轮传动。交错轴齿轮传动有交错轴斜齿轮传动、蜗杆传动和准双曲线齿轮传动。

（6）齿轮的基本性质。齿轮的基本参数有齿数、模数、分度圆压力角、齿顶高系数、顶隙系数等。学生需要掌握：渐开线的定义及其形成，基圆和渐开线、发生线的定义，基圆、发生线、渐开线之间的关系，摆线的形成，发生圆、基圆的定义，动点在发生圆上位置发生变化时摆线轨迹的变化，齿数、模数、压力角等参数对齿形的影响。

（7）轮系。通过各种类型周转轮系的动态模型演示，认识定轴轮系、周转轮系。根据自由度的不同，周转轮系分为行星轮系和差动轮系。学生需要掌握：轮系的差异和共同点，差动轮系为什么能将一个运动分解为两个运动或将两个运动合成为一个运动，周转轮系各种结构形式的优缺点。

（8）间歇运动机构。间歇运动机构是能够将原动件的连续转动转变为从动件周期性运动和停歇的机构，可分为单向运动和往复运动两类。常用的间歇运动机构有棘轮机构、槽轮机构、不完全齿轮机构和凸轮式间歇运动机构。棘轮机构从工作原理上可分为轮齿啮合式棘轮机构和摩擦式棘轮机构，从结构上可分为外啮合式棘轮机构和内啮合式棘轮机构，从传动方向上可分为单向棘轮机构和双向棘轮机构；槽轮机构有外啮合槽轮机构、内啮合槽轮机构和球面槽轮机构等；不完全齿轮机构有外啮合不完全齿轮机构和内啮合不完全齿轮机构；凸轮式间歇运动机构有圆柱分度凸轮机构和弧面分度凸轮机构。

（9）组合机构。组合机构包括实现给定轨迹的机构、串联组合机构、行程扩大机构、换向传动机构、齿轮连杆曲线、实现变速运动的机构、同轴槽轮机构、误差矫正机构等。

（10）空间连杆结构。空间连杆机构中，四杆机构是最常用的。空间连杆机构的运动特征在很大程度上与运动副的种类有关，常用运动副排列次序作为机构代号。RSSR空间机构，由2个转动副R和2个球面副S组成，常用于传递交错轴间的运动；RCCR联轴节，含有2个转动副和2个圆柱副，组成特殊的空间四杆机构，一般应用于传递夹角为90°的两相交轴间的转动；4R万向节，有4个转动副，且转动副的轴线都交汇于一点，具有球面机构的结构特点；RRSRR角度传动机构，是含有1个球面副和4个转动副的空间五杆机构，输入与输出轴的空间位置可任意安排；萨勒特机构，是一个空间六杆机构，其中一组构件的平行轴线通常垂直于另一组构件的轴线，当主动构件做往复摆动时，机构中顶板相对固定底板做平行的上下移动。

2.1.3　实验仪器

各种机构模型。

2.1.4　实验方法与步骤

（1）对各种机构模型由浅入深地进行讲解。

（2）在参观讲解的基础上，讨论各种机构的类型、运动特点和应用范围，并列举现实生活中的实例，加深认识。

2.1.5　实验记录与数据处理

描述常用机构的运动特点、分类和应用；列举两个现实生活中组合机构的实例，并说明它们是由什么机构组合的。

2.1.6　实验思考题

（1）什么是机器、机构？二者的区别是什么？

（2）铰链四杆机构有哪些类型？曲柄滑块机构是由连杆机构的哪种常用类型演变而来的？

（3）凸轮机构的主要特点是什么？其主要由哪几部分组成？

（4）斜齿轮传动有什么优缺点？相同的齿数，模数较大的齿轮的周向尺寸和径向尺寸如何变化？

（5）什么是定轴轮系？什么是周转轮系？什么是行星轮系？什么是差动轮系？

2.2　实验 2　机构运动简图测绘实验

2.2.1　实验目的

（1）掌握根据实际机器或模型绘制结构运动简图的技能。

（2）掌握机构自由度的计算方法，判断该机构是否有确定的机械运动，通过实验加深对机构的理解。

（3）根据机构运动简图判断其属于哪种常用机构及其演化形式，了解机构运动简图与实际机械结构的区别。

2.2.2　实验原理与内容

机构运动简图是工程上常用的一种图形，是用符号和线条清晰、简明地表达机构运动情况，从而对机构动作一目了然。尽管各种机构的外形不同，但只要是同种机构，其运动简图是相同的。

任何机器和机构都是由若干构件和运动副组合而成的。从运动学的观点看，机构的运动仅与构件数量及运动副的数量、种类和相对位置有关。因此在绘制机构运动简图时，可以撇开构件的实际外形和运动副的具体构造，用统一规定的符号和简单线条来表示，按一定的比例尺绘出各运动副的相对位置和机构结构，以便进行机构的运动分析和动力分析。表 2-1 为一般构件的表示方法，表 2-2 为常用运动副符号，表 2-3 为常用机构运动简图。

表 2-1　一般构件的表示方法

杆、轴类构件	
固定构件	
同一构件	

两副构件	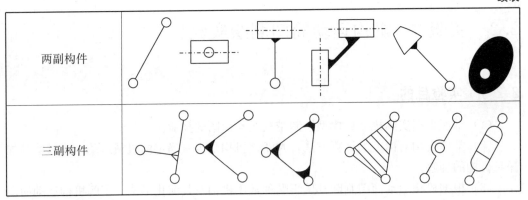
三副构件	

表 2-2　常用运动副符号

运动副名称		运动副符号	
		两运动构件构成的运动副	两构件之一为固定时的运动副
平面运动副	转动副		
	移动副		
	平面高副		

续表

运动副名称		运动副符号	
		两运动构件构成的运动副	两构件之一为固定时的运动副
空间运动副	螺旋副	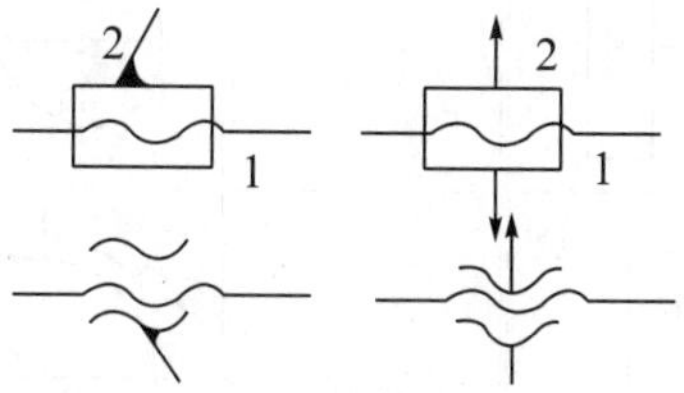	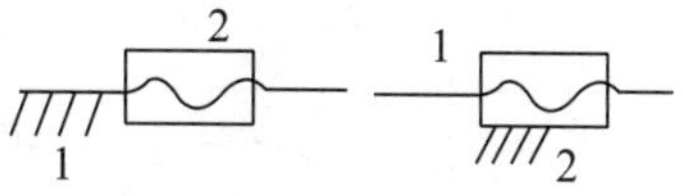
	球面副、球销副	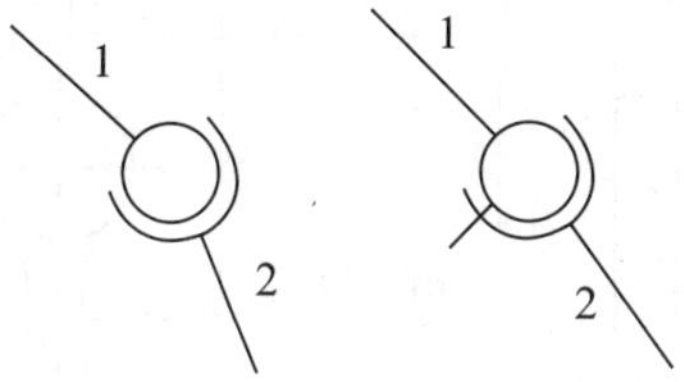	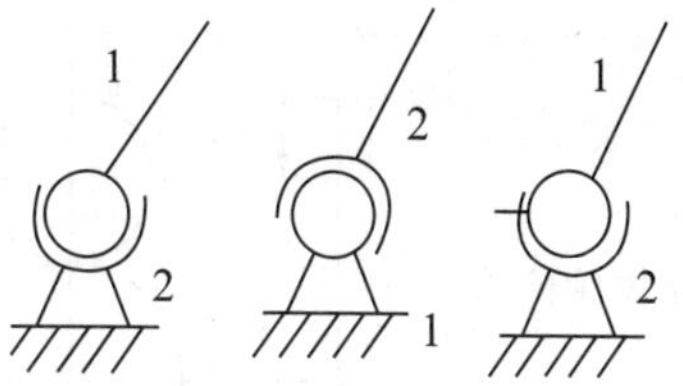

表 2-3　常用机构运动简图

机构运动	简图	机械运动	简图
在支架上的电机	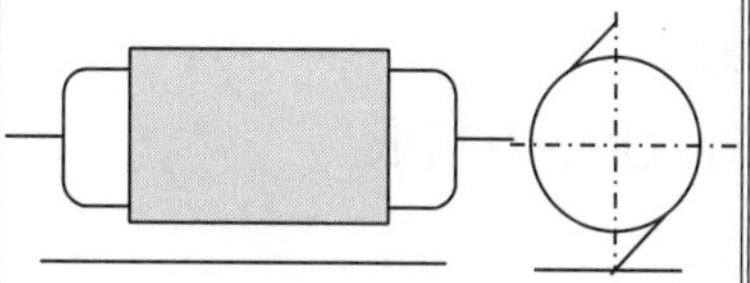	齿轮齿条传动	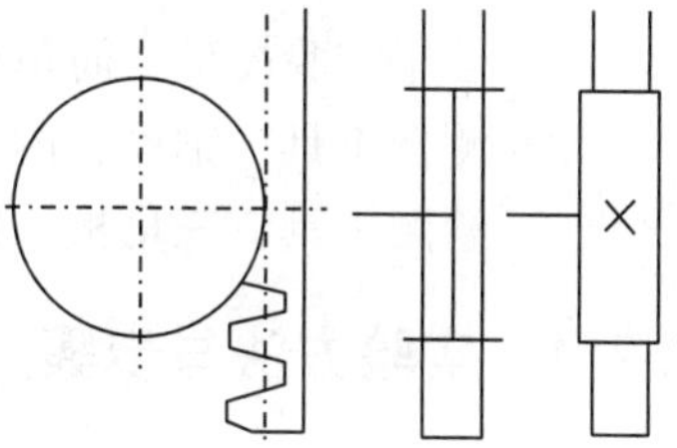
带传动	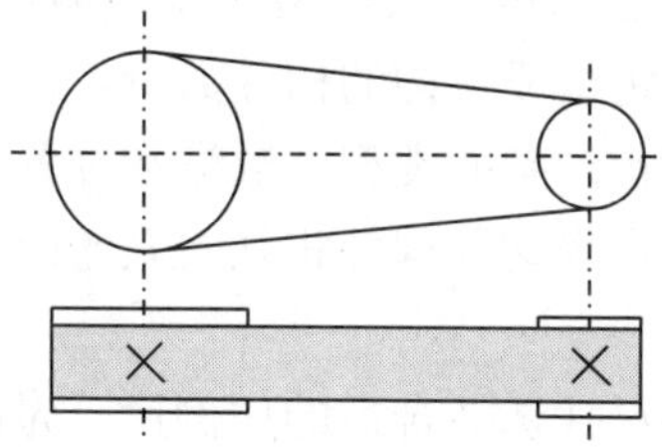	圆锥齿轮传动	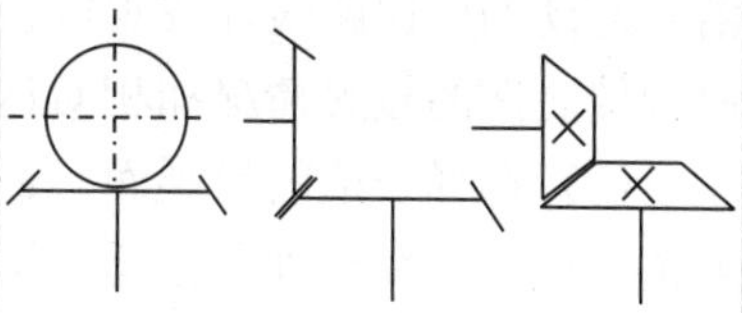
链传动	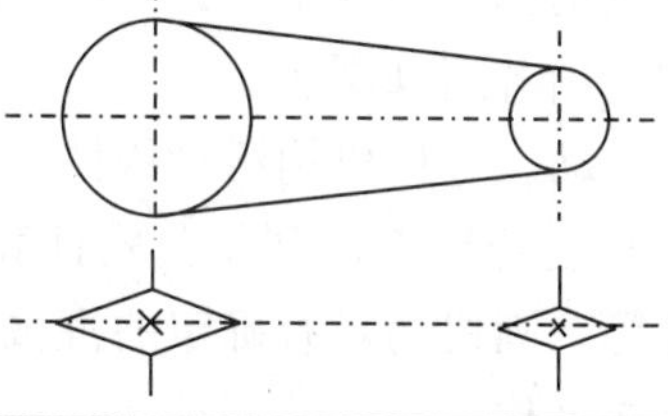	圆柱蜗杆传动	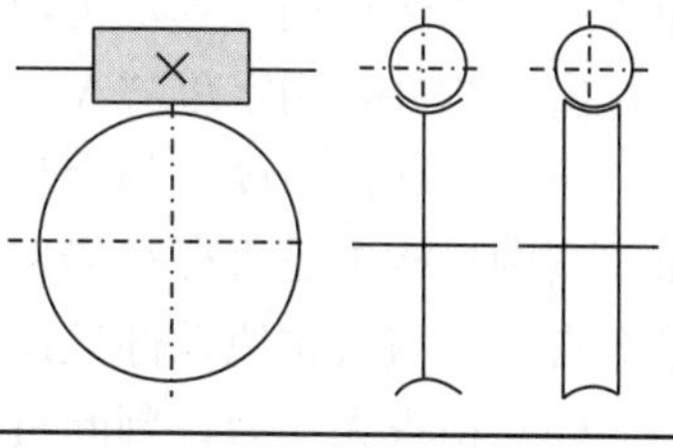

续表

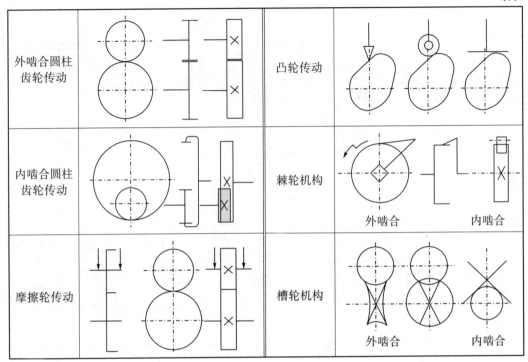

2.2.3　实验仪器

（1）若干实验模型：简单模型、复杂模型。

（2）测量工具：钢尺、内外卡规、量角器。

（3）绘图工具：三角板、圆规、铅笔、橡皮擦、草稿纸。

2.2.4　实验方法与步骤

（1）分析模型运动，判别运动副。使被测绘的机构或模型缓慢运动，找到原动件，沿着运动的传递路线仔细观察机构的运动，确定组成机构的构件数量，根据相互连接的两构件之间的接触情况和相对运动性质，确定运动副的类型、数量和位置。

（2）选择合适的投影面。适当选择最能清楚表达各构件相互关系的面为投影面，一般选择机构多数构件所在运动平面为投影面。

（3）选择合适的比例尺。根据机构的运动尺寸选择合适的比例尺。先确定运动副的位置，画出运动副符号，再用简单线条连接各运动副。用数字"1""2""3""…"等分别标出各构件，用字母"A""B""C"等分别标出各运动副。

（4）计算自由度，判定是否有确定的机械运动。分析机构活动构件、低副、高副数量，判别机构中是否存在局部自由度、虚约束和复合铰链，利用公式计算机构自由度，检查自由度与机构原动件数量是否相等，若相等，则机构具有确定的机械运动。

（5）检查无误后，判断机构类型，确定机构名称。

2.2.5　实验记录与数据处理

完成三种类型机构运动简图的绘制和自由度计算，判断机构是否有确定的机械运动，并准确给出机构名称。注意机构运动简图的标注，包括构件序号、原动件和运动副字母。

2.2.6　实验思考题

（1）机构运动简图与示意图有何不同？
（2）绘制机构运动简图时，原动件的位置为什么可任意选定？
（3）什么是复合铰链、局部自由度和虚约束？
（4）机构自由度的计算对机构运动简图的绘制有什么作用？

2.3　实验 3　基本平面机构设计及运动学、动力学实验

2.3.1　实验目的

（1）掌握机构运动参数检测仿真和分析的原理及方法。
（2）比较机构运动参数实测曲线与模拟仿真曲线的差异，并分析原因。

2.3.2　实验原理与内容

2.3.2.1　实验台的总体结构

1. 曲柄（导杆）滑块机构设计及运动分析实验台

曲柄（导杆）滑块机构设计及运动分析实验台的机械部分由曲柄、导杆、连杆、滑块组成，长度尺寸均可调节，可拼曲柄滑块、曲柄（导杆）滑块机构。曲柄（导杆）滑块机构设计及运动分析实验台的总体结构如图 2-1 所示，各构件长度调节范围为：曲柄 0~60 mm，导杆 0~150 mm，连杆 0~220 m，偏心距 0~10 mm。

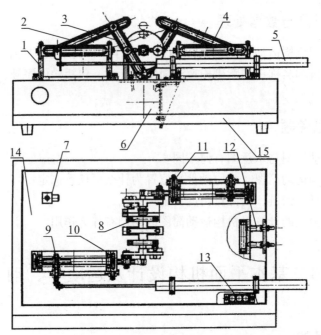

1-滑块支座；2-连杆；3-导杆；4-完全平衡构件；5-线位移传感器；6-驱动源；
7-加速度传感器；8-主传动构件；9-滑块组件；10-导杆销组件；11-连杆销组件；
12-阻尼装置；13-滚动支承装置；14-安装底板；15-支架

图 2-1 曲柄（导杆）滑块机构设计及运动分析实验台的总体结构

曲柄（导杆）滑块机构设计及运动分析实验台主要由安装底板支承于滚动支承装置上，通过阻尼装置与支架相连，其上装有滑块支座、完全平衡构件、主传动构件、加速度传感器、线位移传感器等。驱动源装于支架的内部。导杆通过导杆销组件与主传动构件上的曲柄连接，同时一端套在主传动构件支座上导杆销内，另一端则通过连杆销组件与连杆相连。连杆的另一端通过滑块组件与滑块支座上的滑槽连接。滑块组件同时连接了线位移传感器。安装底板通过阻尼装置与支架内的底座相连，并支承于安装在底座的滚动支承装置上。

2. 凸轮机构设计及运动分析实验台

凸轮机构设计及运动分析实验台由盘形凸轮、圆柱凸轮和滚子推杆组件构成，提供了等速运动规律、等加速等减速运动规律、多项式运动规律、余弦运动规律、正弦运动规律、改进等速运动规律、改进正弦运动规律、改进梯形运动规律八种盘形凸轮和一种等加速等减速运动规律的圆柱凸轮供检测使用。凸轮机构设计及运动分析实验台的总体结构如图 2-2 所示。

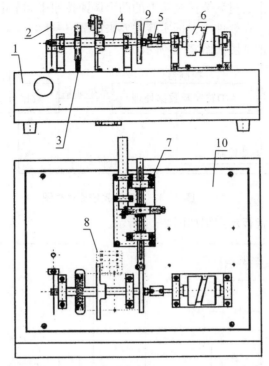

1—机架；2—光电传感器；3—三角胶带 O—600；4—主传动构件；5—连接套；
6—圆柱凸轮构件；7—从动件组件；8—驱动源；9—平面凸轮；10—安装底板

图 2—2 凸轮机构设计及运动分析实验台的总体结构

凸轮机构设计及运动分析实验台根据需要可拼装成平面凸轮机构运动分析实验台和圆柱凸轮机构运动分析实验台。相关构件尺寸参数为：盘形凸轮，基圆半径 $R_0 = 40$ mm，最大升程 $h_{max} = 15$ mm；圆柱凸轮，升程角 $\alpha = 15°$，升程 $H = 38.5$ mm。

凸轮机构设计及运动分析实验台主要由安装底板通过四个减震块固定在机架内的底座上。驱动源装于机架的内部，通过三角胶带 O—600 将动力传输给主传动构件。主传动构件通过两个轴承座固定安装底板，其上的传动轴左端装有光电传感器的光电盘，右端装有平面凸轮并可通过连接套将动力传输给圆柱凸轮构件。从动件组件上的推杆在弹簧力的作用下始终压在平面凸轮的廓线上，即锁合方式为利用弹簧力使从动件与凸轮始终保持接触。从动件类型有尖顶和滚子两种。

2.3.2.2 实验台的检测原理及软件操作

1. 实验台的检测原理

实验台采用单片机与 A/D 转换集成相结合进行数据采集、处理分析及实现与计算机的通信，达到适时显示运动曲线的目的。

数据通过传感器与数据采集分析箱将机构的运动数据通过计算机串口送到计算机内进行处理，形成运动构件的运动实测曲线，为机构设计提供手段和检测方法。实验台电机转速控制系统有以下两种方式：

（1）手动控制。通过调节控制箱上的两个调速按钮来调节电机转速。

（2）软件控制。在软件中根据实验需要来调节。

实验台系统原理框图如图 2-3 所示。

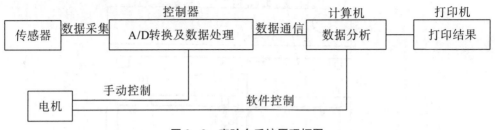

图 2-3　实验台系统原理框图

控制箱面板、背板示意图如图 2-4 所示。

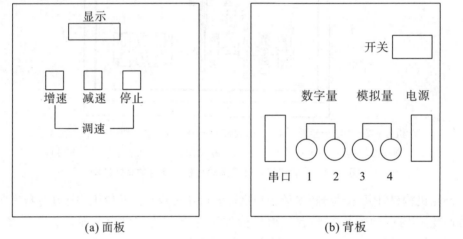

图 2-4　控制箱面板、背板示意图

实验台信号线接法如下：

（1）曲柄（导杆）滑块机构设计及运动分析综合实验台。曲柄光电传感器连接控制箱的通道 2，滑块上直线位移传感器连接通道 1，曲柄加速度传感器连接通道 2，滑块加速度传感器连接通道 1。

（2）凸轮机构设计及运动分析综合实验台。凸轮轴上光电传感器接控制箱的通道 1，推杆上直线位移传感器连接通道 4。凸轮轴加速度传感器连接通道 1，推杆加速度传感器连接通道 4。

实验台调速操作如下：

（1）手动控制。按控制箱"增速"键，使电机加速；按控制箱"减速"键，使电机减速；按"停止"键，使电机停转。

（2）软件控制。在"仿真测试"界面，连续点击电机转速调节滚动条，即可调节电机转速。

2. 实验台的软件结构

基本平面机构运动分析实验台使用一套综合实验分析软件，以 Delphi 与 Visual

Basic（VB）为主要开发工具，其内容与具体的实验台和机构对应，主要包括机构运动演示、机械设计模拟、机构运动曲线仿真、机构构件运动点的轨迹模拟、机械主要构件运动实测及曲线等。

实验台的软件结构框图如图 2-5 所示。

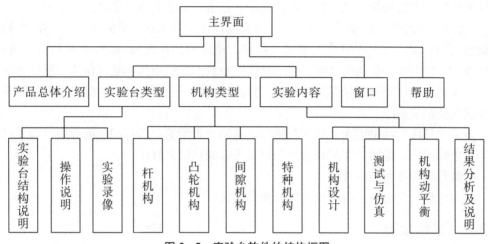

图 2-5　实验台软件的结构框图

3. 实验台源程序软件操作

启动应用程序，进入欢迎界面。点击"欢迎使用"，出现"产品总体介绍""实验台类型""机构类型""窗口""帮助"五个菜单选项。

（1）"产品总体介绍"会弹出"说明"窗口，可以初步了解整个实验。点击"说明"窗口的"返回"，可重新回到上级窗口。

（2）"实验台类型"会显示三个下拉菜单："基本平面机构及运动分析实验台""平面机构组合及运动检测创新实验台""特殊机构设计及运动检测实验台"。第二、三菜单的内容正在建设，点击"确定"忽略。第一菜单有"曲柄（导杆）摇杆运动分析实验台""曲柄（导杆）滑块运动分析实验台"和"凸轮机构运动分析实验台"，分别点击其子菜单，进入相应窗口，窗口有"实验台结构说明""操作说明""实验录像"和"返回"按钮，点击"返回"可回到上级窗口。

（3）"机构类型"包括"杆机构""凸轮机构""间隙机构"和"特种机构"。

① "杆机构"包括"四杆机构""曲柄滑块机构""曲柄（导杆）滑块机构""曲柄（导杆）摇杆机构"和"Ⅱ级杆组组合机构"。

选择"四杆机构"，弹出一个对话框，点击"确定"进入运动演示窗口。"四杆机构"又有"曲摇机构""双曲机构"和"双摇机构"。选择其中一种机构，选择"设定转速"，点击"确定"，再点击"运动演示"观看机构运动。运动可以"暂停"和"继续"。

a. 可以点击"实验内容"子菜单"机构设计"进入设计窗口，输入参数，点击"确定"，可以观看机构运动。需要注意，如果该窗口的机构是运动的，那么切换其他窗口之前，必须停止该机构的运动。窗口上有"连杆运动"按钮，如果点击，则进入"连杆运动"窗口，输入 10 个运动点参数，选中前面的复选框，点击"确定"，就可以模拟连杆运动轨迹。

b. 点击"实验内容"中"测试与仿真"的子菜单，进入"实测和仿真"窗口。因为实测与仿真的内容多且复杂，需按以下操作进行：

有"增速""减速"和"停止"按钮，可分别让电机增速、减速和停止。在开动电机的前提下，点击操作中"采集"进行实测，点击"仿真"进行仿真。

"文件""设置""操作"选项：如果在实测过程中看不到实测曲线，可以在"设置"中调整实测坐标，放大或缩小实测量（位移、速度和加速度）；如果看不到仿真曲线，可以在"设置"中调整仿真坐标，在"操作"中放大或缩小仿真量（位移、速度和加速度）。"文件"选项中有"保存文件"和"打开文件"，可以保存本次实验结果和打开上次保留实验结果。

点击"打印"结果进入"打印"窗口，遵循"先预览，后打印"的原则，如果打印量不在坐标区内，返回"实测和仿真"窗口进行调整后再打印。

②其他机构类型操作类似。

③在任何一个窗口点击"帮助"可获得帮助。

2.3.3 实验仪器

曲柄（导杆）滑块机构设计及运动分析综合实验台、凸轮机构设计及运动分析综合实验台、计算机、测试软件。

2.3.4 实验方法与步骤

（1）选择机构。

（2）将机构检测和控制连线与控制箱及计算机相连。

（3）打开电源，进入相关机构的设计及检测软件界面。

（4）确定机构类型及尺寸，并安装。

（5）在安装可靠的情况下，调节调整控件，使机构平稳转动。检测构件实测曲线，得到相应仿真曲线。

（6）利用连杆运动平面轨迹进行虚拟，可设计出实现要求的机构。

（7）实验完毕，打印结果。

（8）关闭电源及计算机。

2.3.5 实验记录与数据处理

将实验所得的数据填入下列表格。

机构名称	机构简图	构件尺寸	实测曲线	仿真曲线	机构运动特点

2.3.6　实验思考题

（1）机构运动参数有哪些？测量这些参数有什么作用？

（2）平面连杆机构是否不能用于高速运动？凸轮机构是否只能用于低速运动？为什么？

2.4　实验 4　范成法绘制渐开线齿廓实验

2.4.1　实验目的

（1）掌握范成法绘制渐开线齿廓的基本原理和切削齿廓的过程。

（2）掌握移距变位法及变位后齿形的变化情况。

（3）了解渐开线齿廓的根切现象及避免方法。

2.4.2　实验原理与内容

范成法是利用一对齿轮啮合（或齿轮与齿条啮合）的共轭齿廓互为包络线的原理来加工齿轮。如用齿轮插刀切制齿轮，其刀刃曲线为渐开线；切削时使刀具的节圆与齿轮的节圆做纯滚动，像一对真正的齿轮互相啮合运动，齿轮插刀的刀刃在各个位置的包络线即为渐开线，因为其符合一对齿轮的正确啮合关系，故被切齿轮的模数、压力角与齿轮插刀的模数、压力角相等。如用齿条插刀切制齿轮，像齿轮与齿条啮合传动，其原理与齿轮插刀切制齿轮相同，齿条插刀的直线刀刃在各个位置的包络线即为渐开线，且被切齿轮的模数、压力角与齿条插刀的模数、压力角（刀具角）相等。齿条的齿廓仍然是渐开线齿廓，即分度圆直径无穷大（$d_b=\infty$）。

本实验要求绘出标准、负变位（$x=-0.5$）、正变位（$x=0.5$）三种齿轮的齿形（$m=10$）。每种齿形至少绘制三个完整的齿廓（图 2-6），并对绘制结果进行分析比较。

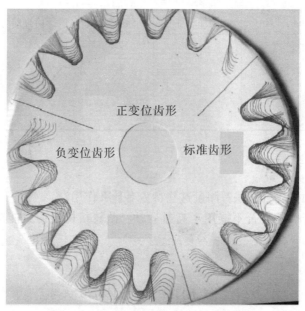

图 2-6　按实验要求绘制的三种齿形图

2.4.3　实验仪器

范成仪（范成法绘制渐开线齿廓的实验装置）、圆纸板（直径 210 mm）、三角板、圆规、橡皮、铅笔（H 或 HB，不得更软）。

2.4.4　实验方法与步骤

（1）根据齿条插刀的模数 m、被加工齿轮的齿数 z，计算出被加工齿轮的分度圆直径。齿条模数为 10 mm，被加工齿轮齿数 17，变位齿轮变位系数为 0.5。被加工齿轮分度圆直径 $d=mz$，在纸上绘制分度圆、毛坯圆，并将其平均分为三个象限。

（2）将绘有分度圆、毛坯圆、象限的图纸固定在圆盘上作为毛坯，将溜板（带齿条）置于中间位置，使标准齿轮象限正对齿条，调节齿条插刀的分度线与毛坯分度圆相切，制作标准齿轮。

（3）将齿条移至右极端位置离开齿坯，并将齿条插刀溜板每次向左移动一个微小距离（4～5 mm），在代表轮坯的图纸上用铅笔描出刀刃的位置，直到形成 3～4 个完整的齿形为止。

（4）调节齿条插刀离开轮坯中心，正向移距 x_m mm，将图纸转动到相应象限，再重复步骤（3）。

（5）调节齿条刀具使其接近轮坯中心，负向移距 x_m mm，将图纸转动到相应象限，再重复步骤（3）。

（6）比较所绘制标准齿轮和变位齿轮在分度圆的齿轮厚、齿顶厚、齿根圆、齿顶圆、分度圆和基圆的相对变化特点。

2.4.5　实验记录与数据处理

根据实验绘制的齿轮齿廓及参数填写下列表格。(注意:标准齿轮需计算出具体值,变位齿轮只需与标准齿轮比较)

齿条插刀原始齿廓的主要参数:模数 $m=10$ mm,压力角 $\alpha=20°$,齿顶高系数 $h_a^*=1$,径向间隙系数 $c^*=0.25$。

被切齿轮的参数:齿数 $z=17$,模数 $m=10$ mm,正变位系数 $x=0.5$,负变位系数 $x=-0.5$。

项目	标准齿形($x=0$)	正变位齿形($x=0.5$)	负变位齿形($x=-0.5$)
模数 m			
压力角 α			
分度圆直径 d			
基圆直径 d_b			
齿顶圆直径 d_a			
齿根圆直径 d_f			
分度圆齿轮厚 s			
分度圆齿槽宽 e			
分度圆齿距 p			

2.4.6　实验思考题

(1)绘制的标准齿形和变位齿形的齿轮厚、齿顶高、齿根高有何不同?
(2)移距变位后齿轮的模数、压力角是否变化?为什么?

2.5　实验 5　刚性转子动平衡实验

2.5.1　实验目的

(1)巩固动平衡的理论知识。
(2)掌握动平衡机的工作原理及转子动平衡的基本方法。

2.5.2　实验原理与内容

根据刚性转子动平衡原理,一个动不平衡的刚性转子,无论具有多少个偏心质量,分布于多少个回转平面内,总可以在旋转轴线垂直面上选定两个平衡基面,且只需要在任选的两个平衡基面(也称为两个校正平面)内分别加上或减去适当的质量,转子即可得到平衡。理论上,所有不平衡惯性力都可以进行分解,然后分别向两个平衡基面进行投影。力的平移必然会产生力矩,但是如果力的分解过程中保证力矩大小相等而方向相反,就可以将力矩相互抵消，只留下两个基面上的分力，动平衡问题转化为双面静平衡问题。

为了精确、方便、迅速地测量转子的动不平衡，通常把力这一非电量的检测转换成电量的检测。本实验用压电式力传感器作为换能器，由于传感器是装在支承轴承处，故测量平面即位于支承平面上。对于转子的两个校正平面，根据各转子的不同要求，一般选择在轴承以外的各个不同位置上，所以有必要把支承处测量到的不平衡力信号换算到两个校正平面上，这可以利用理论力学原理实现。在动平衡前，必须首先解决两个校正平面不平衡的相互影响。校正平面上不平衡质量按下式计算：

$$m_R = r_2^2 \left(1 + \frac{c}{b}\right)F_R - \frac{a}{b}F_L$$

$$m_L = r_1^2 \left(1 + \frac{a}{b}\right)F_L - \frac{c}{b}F_R$$

式中，F_L、F_R 为左、右支承平面上承受的压力；f_L、f_R 为左、右校正平面上不平衡质量产生的离心力；m_L、m_R 为左、右校正平面的不平衡质量；a、c 为左、右校正平面至左、右支承轴承间的距离；b 为左、右校正平面之间的距离；r_1、r_2 为左、右校正平面的校正半径。

a、b、c、r_1、r_2、F_L、F_R 及旋转角速度 ω 均为已知，刚性转子处于动平衡时，必须满足以下平衡条件：

$$\sum F = 0$$

$$\sum M = 0$$

转子形状和装载方式如图 2-7 所示。

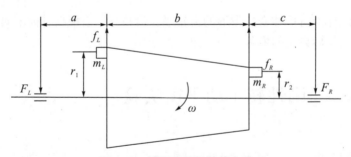

图 2-7　转子形状和装载方式

2.5.3　实验仪器

硬支撑动平衡机、刚性转子、天平、橡皮泥。

2.5.4.1　实验前的准备工作

（1）根据转子支承点间距，调整两支架的相对位置，按转子的轴颈尺寸和水平自由状态调节好支架高度，并固紧。

（2）调整好限位支承，以防止转子轴向移动甚至窜出，避免不安全事故发生。

（3）根据转子质量、转子最大外径，按动平衡机规定的 GD^2n^2 和 Gn^2 限值来选择平衡转速。其中，G 为转子质量（kg），D 为转子外径（m），n 为平衡转速（r/min）。

　　（4）按电测箱使用说明规定，将转子装载在动平衡机中的形式，a、b、c、r_1、r_2 实际尺寸，转速，以及需减轻或增加重量等输入电测箱。

2.5.4.2　基本参数设置

　　以一个转子为例，说明基本参数的设置。采用 YYQ−5 型硬支承动平衡机，以配 590 电测箱为例。实验用转子形状和装载方式如图 2−8 所示。

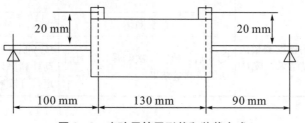

图 2−8　实验用转子形状和装载方式

　　实验要求：转速为 1500 r/min，允差为 0.1 g/mm，无分量显示（即 C=1），平均测量次数为 5 次，定位功能、动平衡显示方式、文件号自行设定。置数的操作流程如图 2−9 所示。

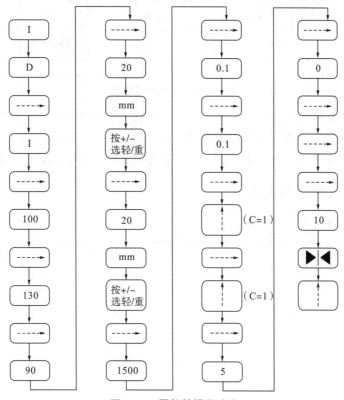

图 2−9　置数的操作流程

2.5.4.3　测平衡操作

准备工作完成后，便可进行测平衡操作。

1. 开机

开机后，电测箱将显示转子的实际转速，各相关功能按键及作用见表2-4。

表2-4　测量用功能按键及作用

是	否	
	单次测量	连续测量
执行存储器内预置的连续测量次数后，自动保存测量结果，按M或A可重复测量	按M后，执行单次测量，并且自动保留测量结果	按▶◀后，连续测量开始，并自动计算平均值。如果测量值稳定，可按▶◀保存实测值

2. 关机

实验测试结果如图2-10所示。

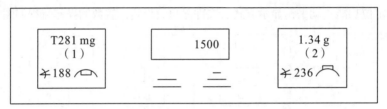

图2-10　实验测试结果

图2-10数值和角度的显示说明：左平面，在188°处有281 mg剩余不平衡量。T表示该平面的剩余不平衡量在允差范围内。右平面，应在236°处加1.34 g重块，以达到平衡状态。中央上方的数值为转速，中央下方的光栅表示放大倍率（灵敏度）。

2.5.5　实验记录与数据处理

根据实验结果，填写下列表格。

型号		平衡转速	
时间			
转子尺寸	$r_1=$　　　$r_2=$　　　$a=$　　　$b=$　　　$c=$		
左面不平衡量		检验结果	合格/不合格
方位			
右面不平衡量			
方位			

2.5.6 实验思考题

（1）简述动平衡的原理。

（2）什么是静平衡？什么是动平衡？

（3）哪些转子只需做静平衡？哪些转子必须做动平衡？

（4）转子静平衡的条件是什么？转子动平衡的条件是什么？

第3章 机械设计实验

机械设计是机械类、近机械类专业必修技术基础课程，课程实践性较强。通过实验，学生熟悉与本课程相关的实验设备，掌握基础的实验方法及实验基本技能，提高其观察问题、分析问题和解决问题的能力。通过实验加深对机械设计课程基本概念、基本理论的理解，为学习后续课程及今后从事技术工作打下基础。本章包含6个实验：机械零件认知实验、螺栓组连接综合实验、轴系组装实验、减速器拆装实验、机械传动部件效率综合实验、滑动轴承轴瓦油膜压力实验。

3.1 实验1 机械零件认知实验

3.1.1 实验目的

（1）了解各种常用零件的结构、类型、特点及应用。
（2）了解各种典型机械的工作原理、特点、功能及应用。
（3）了解机器的组成，增强对各种零部件结构及机器的感性认识。
（4）培养分析机械装置运动特点、结构的能力。

3.1.2 实验原理与内容

展示各种零件，指导教师的介绍、答疑及学生的观察，使学生认识常用零件，增强其对机械零件的感性认识。

（1）螺纹连接。螺纹连接是利用螺纹零件工作的，主要用作紧固零件，连接强度和可靠性是螺纹连接的基本要素。常用的螺纹主要有普通螺纹、梯形螺纹、矩形螺纹和锯齿螺纹。普通螺纹主要用于连接，其他螺纹主要用于传动。常用螺纹连接方式有普通螺栓连接、双头螺柱连接、螺钉连接及紧定螺钉连接。除此之外，还有一些特殊结构连接，如固定设备用地脚螺栓连接、起吊用吊环螺钉连接和机床设备装夹用 T 型槽螺栓连接等。螺纹连接需要防松，防松的方法按工作原理可分为摩擦防松、机械防松和铆冲防松等。以摩擦防松为原理的有对顶螺母、弹簧垫圈及自锁螺母等；以机械防松为原理的有开口销、六角开槽螺母、止动垫圈及串联钢丝等。铆冲防松主要是将螺母拧紧后把螺栓末端伸出部分铆死或打样冲眼，利用冲点防松。

（2）标准连接零件。标准连接零件一般是由专业企业按国家标准生产，结构形式和尺寸都已标准化的零件，设计时按照相关标准选用即可。常见标准连接零件有以下几种：

①螺栓，配合螺母、垫圈来使用，被连接的两个零件可以加工出通孔，其连接结构简单、装拆方便、种类较多、应用广泛。

②螺钉，被连接两个零件之一不能加工成通孔，使用时紧定在被连接件之一的螺纹孔中，其头部形状较多，以适应不同装配要求。

③螺母，配合螺栓使用，按形状可分为六角螺母、四方螺母和圆螺母，按连接用途可分为普通螺母、锁紧螺母和悬置螺母等。六角螺母和普通螺母的应用最广泛。

④垫圈，有平垫圈、弹簧垫圈及锁紧垫圈等。平垫圈可加大接触面积，保护被连接件的支承面；弹簧垫圈和锁紧垫圈主要用于摩擦和机械防松场合。

⑤弹性挡圈，用于轴上零件的轴向定位。

（3）键、花键、销、成形连接、过盈连接。

①键是标准件，主要实现轮毂的周向定位及在轴和轮毂间传递运动与动力，有的键还可实现轴上零件的轴向定位或轴向滑动导向。键的主要连接方式有平键连接、楔键连接和切向键连接。

②花键按齿形可分为矩形花键和渐开线花键。花键连接由外花键和内花键组成，可用于静连接或动连接，适用于定心精度要求高、载荷大或经常滑移的连接。

③销主要用来实现被连接零件之间的定位，称为定位销。销也可用于连接时传递不大的载荷，称为连接销。销还可作为过载剪断元件，称为安全销。销有多种类型，如圆锥销、槽销、销轴和开口销等。

④成形连接是利用非圆剖面的轴与对应的孔构成的连接。

⑤过盈连接是由轴与孔构成过盈配合实现的，其结构简单、对中性好、承载能力高。

（4）铆接、焊接、粘接。铆接、焊接和黏接都属于不可拆连接。

①铆接是用铆钉把两个以上被铆件连接在一起。

②焊接是借助加热（有时还要加压）使两个以上金属件在连接处形成原子或分子间的结合而构成的不可拆连接。焊接根据结合方式不同可分为熔化焊、压力焊。焊接接头有对接、搭接、正交。

③黏接是利用胶黏剂在被连接零件表面所产生的黏合力将同种或不同种材料牢固地连接在一起的方法。黏接有对接、搭接、正交。黏接工艺简单，但施工技术要求高，可靠性和稳定性受环境因素影响较大。

（5）机械传动。机械传动有螺旋传动、带传动、链传动、齿轮传动和蜗杆传动等，各种传动都有不同的特点和使用范围。

①螺旋传动是利用螺纹零件工作，螺纹有矩形螺纹、梯形螺纹、锯齿螺纹等。按用途，螺旋可分传力螺旋、传导螺旋及调整螺旋。

②带传动是利用带和带轮之间的摩擦来传动的，具有传动中心距大、能缓和载荷冲击、超载打滑（减速）等特点，常有平带传动、V 型带传动、多楔带及同步带传动等。

③链传动是在两个或多个链轮间，用链作为拉拽元件的一种啮合传动。与带传动相

比，链传动没有弹性滑动和打滑，能保持平均传动比的精确。链传动的链条按结构不同有滚子链、套筒链、齿形链等。

④齿轮传动不仅可传递运动，还可传递动力。按照其结构特点可分为：用于平行轴之间的直齿圆柱齿轮传动、斜齿圆柱齿轮传动和人字齿齿轮传动，用于相交轴的直齿传动、斜齿传动、曲齿锥齿轮传动，用于交错轴之间的斜齿圆柱齿轮传动和双曲面齿轮传动。齿轮传动的啮合方式有内啮合、外啮合、齿轮与齿条啮合等。

⑤蜗杆传动用于传递交错轴之间的运动，通常两轴交错角为 90°，传动过程中蜗杆一般为主动件。根据蜗杆头数，蜗杆传动分为单头蜗杆传动和多头蜗杆传动；根据蜗杆形状，蜗杆传动分为圆柱蜗杆传动、环面蜗杆传动和锥面蜗杆传动。

（6）轴系零部件。

①轴承。根据摩擦性质不同，轴承可分为滚动轴承和滑动轴承两大类。滚动轴承因启动容易、维护安装方便、价格便宜，在一般机器中的应用较广。根据承受载荷特点，滚动轴承分为主要承受径向力的深沟球轴承、圆柱滚子轴承，承受轴向力的推力球轴承，以及同时承受轴向力与径向力的角接触球轴承和圆锥滚子轴承。根据承受载荷方向，滑动轴承分为径向滑动轴承和止推轴承；根据润滑表面状态，滑动轴承分为液体润滑轴承、不完全液体润滑轴承及无润滑轴承（工作时不加润滑剂）；根据液体润滑承载机理，滑动轴承分为液体动力润滑轴承（简称液体动压轴承）和液体静压润滑轴承（简称液体静压轴承）。

②轴。组成机器的主要零件之一，用于支撑回转零件和传递转矩。根据承受载荷，轴可分为转轴、心轴和传动轴；根据轴线形状，轴可分为曲轴和直轴，直轴又可分为光轴和阶梯轴。此外，还有一种钢丝软轴（挠性轴），可以把回转运动灵活地传递到任何位置。

（7）密封。为了防止润滑剂泄露并阻止外部杂质、灰尘、空气和水分等进入润滑部位，在机器零件的接合面、轴的伸出端等处常要采用一些密封措施。密封可分为静密封和动密封。动密封按运动可分为移动密封和旋转密封，按接触形式可分为非接触密封和接触密封，按密封位置可分为端面密封和圆周密封。常见的动密封有毡圈密封、密封圈密封、唇形密封、机械密封、迷宫密封、离心密封、螺旋密封和组合式密封。

（8）联轴器、离合器和制动器。联轴器和离合器用来连接两轴（有时也可连接轴与其他回转零件），使其一起回转并传递运动和转矩。

①机器运转时，连接的两轴不能分离，必须停车后通过拆卸两轴才能实现分离的连接装置为联轴器。联轴器分为刚性联轴器和柔性联轴器。刚性联轴器可分为固定式刚性联轴器和可移式刚性联轴器。可移式刚性联轴器有齿式联轴器、滑块联轴器、万向联轴器。柔性联轴器有弹性套柱销联轴器、弹性柱销联轴器、轮胎式联轴器。

②机器运转时，可根据需要使两轴随时结合或分离的装置称为离合器。离合器主要分为牙嵌式离合器和摩擦式离合器，另外还有电磁离合器和自动离合器。

③制动器是保证机构或机器正常安全工作的主要部件，它可以使机械降低速度或迅速停止转动。制动器常见的有块式制动器和带式制动器。制动器在车辆和起重机等机械中广泛运用。

3.1.3　实验仪器

密封柜，螺纹连接、键、花键、销、成形连接、过盈连接柜，焊接、铆接、黏接柜，带传动柜，链传动柜，齿轮传动柜，蜗杆传动柜，滑动轴承柜，滚动轴承柜，轴结构柜，联轴器柜，离合器柜，制动器柜。

3.1.4　实验方法与步骤

（1）学生课前预习实验指导书及相关知识，带着问题进行有针对性的观察。

（2）按照展示的零部件顺序观察，指导教师由浅入深、由简到繁地做简要讲解。

（3）在听取指导教师讲解的基础上，分组仔细观察和讨论各种机械零部件的结构、类型、特点及应用范围。

（4）实验完毕后，做好相关记录，思考相关问题。

3.1.5　实验记录与数据处理

根据参观和讲解的内容，记录常用机械零部件的结构、类型、特点和应用范围，了解机械设计内容。在机械产品中，任选一种传动件，分析其工作原理、特点和应用范围，并画出传动示意图。

3.1.6　实验思考题

（1）举例说明什么是通用零件和专用零件。

（2）说明螺纹连接零件的应用范围。普通螺栓和铰制孔用螺栓的承载机理有何不同？

（3）轴上零件如何实现轴向定位？周向定位如何实现？轴是如何定位的？

（4）通过受力分析说明斜齿轮传动应该用哪种轴承以及什么时候使用滑动轴承。

（5）比较带传动、链传动、齿轮传动的优缺点。

3.2　实验 2　螺栓组连接综合实验

3.2.1　实验目的

（1）了解螺栓连接在拧紧过程中各部分的受力情况。

（2）计算螺栓相对刚度，并绘制螺栓连接的受力变形图。

（3）验证受轴向工作载荷时预紧螺栓连接的变形规律及对螺栓总拉力的影响。

（4）通过螺栓的动载实验，改变螺栓连接的相对刚度，观察螺栓动应力幅值的变化，以验证提高螺栓连接强度的各项措施。

3.2.2 实验原理与内容

3.2.2.1 静态螺栓组连接实验

静态螺栓组连接实验台的结构如图 3-1 所示。

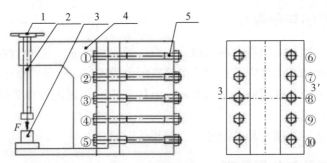

1-加载螺栓；2-加载臂；3-载荷传感器；4-机座；5-连接螺栓

图 3-1 静态螺栓组连接实验台的结构

由图 3-1 可知，螺纹加载装置的加载臂与机座是利用 10 个螺栓连接的，是对称布置，当加载臂拧紧时，对悬臂的力 F 和面平行，将产生一个倾覆力矩，每个连接螺栓将产生相应变形。将变形量 ε 代入公式 $Q = E\varepsilon A$，就可得出螺栓力大小；代入公式 $\lambda = \varepsilon L$，就可得出螺栓受力变形。

实验用螺栓结构尺寸如图 3-2 所示。

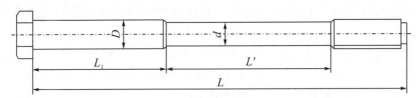

$D=10\text{mm}$，$d=6\text{mm}$，$L=160\text{mm}$，$L'=40\text{mm}$，$L_1=65\text{mm}$

图 3-2 实验用螺栓结构尺寸

由图 3-3 可知，当螺母未拧紧时，螺栓连接未受到力的作用，螺栓和被连接件无变形。

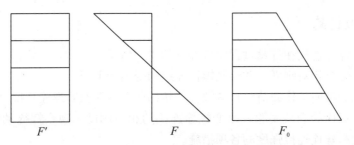

图 3-3 螺栓组未受力时应力变化规律

若将螺母拧紧，即施加一个预紧力 F'，在预紧力的作用下，螺栓伸长了 λ_b，被连

接件压缩了 λ_m。当螺栓连接承受工作载荷 F 时（接合面绕中心轴线 3—3′ 回转），螺栓 ①、②、⑥、⑦ 所受的拉力减小，变形减小，被连接件的压缩变形则增大，其压缩量也随之增大，螺栓 ③、⑧ 的受力和变形不发生变化；螺栓 ④、⑤、⑨、⑩ 的受力增大，变形也增大，而被连接件因螺栓伸长而松动。螺栓和被连接件均为弹性变形，其受力－变形图如图 3-4 所示，螺栓的总拉力 F_0 等于残余预紧力 F'' 与工作载荷 F 之和。

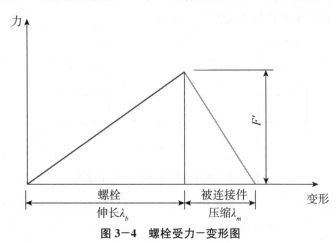

图 3-4　螺栓受力－变形图

总拉力为

$$F_0 = E\varepsilon' A$$

式中，ε' 为加载后应变值；E 为弹性模量；A 为截面面积。

预紧力为

$$F' = E\varepsilon A$$

式中，ε 为加载预紧力后应变值。

残余预紧力为

$$F'' = F_0 - F$$

每个螺栓的工作载荷为

$$F_i = M \cdot \frac{r_i}{2} \sum r_i^2$$

式中，M 为围绕接合面的倾覆力矩，$M = P \times L$，N·cm；r_i 为各螺栓中心轴线到回转中心轴线 3—3′ 的距离。

为使接合面不产生缝隙，必须使接合面在最大工作载荷时仍有一定残余预紧力，即 $F'' > 0$。最大工作载荷应小于预紧力，即

$$F_{max} = M_{max} \cdot \frac{r_i}{2} \sum r_i^2 < F'$$

$$E = 2.1 \times 10^6 \ \text{kg/cm}^2$$

$$\varepsilon = 10^6 \mu\varepsilon$$

对于本实验台，F_{max} 在第 ⑤、⑩ 螺栓上，本实验台允许的最大加载力为 $P_{max} = 5000$ N，可得 $F_{max} \approx 900$ N，取预紧力为 $F' = 900$ N，那么预紧应变 $\varepsilon' = F_0 / EA \approx 100\mu\varepsilon$。

螺栓组受倾覆力矩时，应力变化规律应满足以下关系（假定螺栓预紧力大致相等）：

$$\Delta\varepsilon = \varepsilon_i - \varepsilon_i'$$

式中，ε_i 为测量值；ε_i' 为预紧应变值。

将对称分布的两组螺栓中的任一组（5 根）的应力变化值绘成图形，ε_i' 在实验过程中尽量保持相等。

螺栓组受倾覆力矩变化规律如图 3－5 所示。

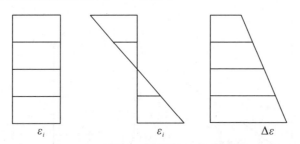

图 3－5　螺栓组受倾覆力矩变化规律

应变可以用静态电阻应变仪来检测。电阻应变仪是利用金属材料的特性，将非电量的变化转换成电量变化的测量仪器，应变测量的转换元件（应变片）用极细的金属电阻丝绕成或用金属箔片印刷腐蚀而成。应变片由胶黏剂牢固地贴在试件上，当被测试件受到外力作用后长度发生变化时，粘贴在试件上的应变片也发生相应变化，应变片的电阻值也随之发生变化（ΔR），这样就把机械量（变形）转换成电量（电阻值）的变化。用灵敏的电阻测量仪器（电桥）测出电阻值的变化 $\Delta R/R$，就可以换算出相应的应变 ε，如果电桥用应变来刻度，就可以直接读出应变，完成了非电量的电测。电阻应变片的应变效应指上述机械量转换成电量的关系，用电阻应变的灵敏系数 K 来表征：

$$K = \frac{\Delta R/R}{\Delta L/L} = \frac{\Delta R/R}{\varepsilon}$$

本实验台标配的静态螺栓应变仪就是按照该原理进行数字表示的，如图 3－6 所示。

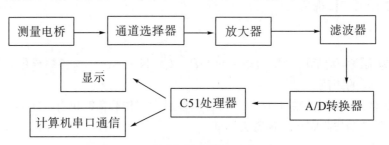

图 3－6　静态螺栓应变仪测试原理

测量电桥是按 350 Ω 设计的，图 3－7 中 R_1 为单臂测量时的外接应变片，在仪器内部有三个 350 Ω 精密无感线绕电阻作为电桥测量时的内半桥。图 3－7 中的 AC 端是由稳压电源供给的 5 V 直流稳定电压，作为电桥的工作源。当无应变信号时，用电阻预调平衡装置将电桥调平衡，BD 端无电压输出。当试件受力产生形变时，应变效应引起的桥臂应变片的电阻值变化 $\Delta R/R$ 破坏了电桥的平衡，BD 端有一个电压 ΔU 输出。

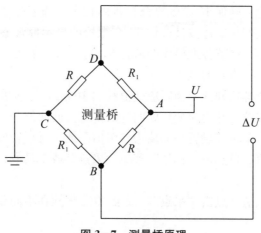

图 3-7　测量桥原理

3.2.2.2　动态螺栓连接实验

螺栓承受轴向变载荷是螺栓连接的重要作用情况，在受到交变应力作用时，螺栓在总拉力作用下的应力变化情况是核验螺栓疲劳强度的重要依据。实验台可利用凸轮驱动弹簧产生周期交变应力，这将反馈到被测螺栓上。被测螺栓结构如图 3-8 所示，螺栓总拉力为 $Q=E\varepsilon A$。

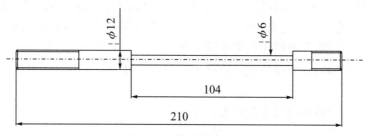

图 3-8　被测螺栓结构

3.2.3　实验仪器

JYCS-Ⅲ机械系统性能研究及参数分析实验台、配套计算机、应变分析软件。

3.2.4　实验方法与步骤

3.2.4.1　静态螺栓组连接实验

（1）用数据排线将螺栓机构与应变仪连接起来，并将荷重传感器连在检测仪上，用串口线将计算机与应变仪相连。

（2）接上电源线，打开应变仪的电源，让应变仪预热 3~5 min。打开实验程序，进入主界面，点击"操作"菜单"采集"或点击工具栏中采集按钮，使计算机与应变仪通信。

（3）松开连接螺栓，确保 10 个螺栓都在自由状态，调节应变仪上的可调电阻，使电桥趋于平衡。可在应变仪通过按键选择 10 个螺栓的显示值观察，也可通过计算机实验程序采集的曲线观察。调节各螺栓应变值为 0，应变仪上的可调电阻顺时针调节，应变值增大；逆时针调节，应变值减小。

（4）用扳手给每个螺栓预紧，预紧应变值约为 $100\mu\varepsilon$，尽量确保每组螺栓应变片的朝向一致，本实验台推荐各螺栓应变片朝向为沿垂直方向向外。

（5）点击"操作"菜单"设置当前值为参考值"或工具栏相应的快捷按钮，记录当前螺栓应变值为参考值。再点击"操作"菜单"采点"或工具栏相应的快捷按钮，记录参考值的曲线位置。

（6）逐步增加负载值，点击"采点"，记录 10 个螺栓在不同载重下的应变值以及与参考值的差值。

（7）观察并思考螺栓组的应变变化趋势。

（8）点击"实验项目"菜单"生成实验报告"，出现"螺栓组应变变化曲线实验报告"窗口，可预览并打印。

（9）卸掉负载到 0，重新调节各螺栓的松紧，使其应变值约为 $100\mu\varepsilon$（不可调节调零电阻），从而进行连接件与被连接件受力分析实验。

（10）点击"实验项目"菜单"连接件与被连接件受力测试"或工具栏相应的快捷按钮，出现"连接件与被连接件受力测试"窗口。点击实验操作选项中设置预紧力按钮，在右边曲线显示区显示预紧力点，逐步增加负载值，点击"采点"，将记录不同载重下连接件与被连接件的受力情况。点击"连线"可将采集的点连接起来。

（11）点击"打印"可打印所采集的曲线。

（12）完成实验后，卸掉负载，松开螺栓到自由状态，关掉应变仪电源，拆除仪器连接线。

（13）根据实验数据填写实验报告。

3.2.4.2　动态螺栓连接实验

（1）安装实验台两级传动，调整螺栓预紧力（$\leqslant 120\mu\varepsilon$）。

（2）打开实验台，调节电机转速旋钮，控制电机转速约为 100 r/min。

（3）打开软件测试界面，点击"操作"菜单"开始采集"，采集数据得到螺栓应力变化曲线。

（4）输出或打印结果，计算螺栓总拉力变化范围。

注意：实验加载力严禁超过 5000 N，否则传感器将损坏。调节螺栓预紧力时，螺栓应变最大不得超过 $300\mu\varepsilon$。

3.2.5　实验记录与数据处理

（1）根据实验数据，填写下列表格。

螺栓组载荷应变记录表

螺栓编号	项目	载荷 P (N)	应变 ε	总拉力 F_0(N)	工作载荷 F(N)	残余预紧力 F''(N)	变形 $\Delta\lambda$
1	1	1000					
	2	1500					
	3	2000					
	4	2500					
	5	3000					
2	1	1000					
	2	1500					
	3	2000					
	4	2500					
	5	3000					
3	1	1000					
	2	1500					
	3	2000					
	4	2500					
	5	3000					
4	1	1000					
	2	1500					
	3	2000					
	4	2500					
	5	3000					
5	1	1000					
	2	1500					
	3	2000					
	4	2500					
	5	3000					

（2）利用实测数据描绘螺栓连接静、动特性应力分布曲线图。

3.2.6　实验思考题

（1）为什么受轴向载荷紧螺栓连接的总载荷不等于预紧力加外载荷？

（2）被连接件和螺栓的刚度大小对应力分布有何影响？

（3）若翻转中心不在 3—3$'$ 上，说明什么问题？

（4）提高螺栓疲劳强度的措施有哪些？

3.3 实验 3 轴系组装实验

3.3.1 实验目的

（1）熟悉并掌握轴和轴上零件的结构形状、功用、装配工艺要求。

（2）熟悉并掌握轴和轴上零件的定位与固定方法，认识轴系结构设计。

（3）了解轴承的类型、布置、安装和调整方法、润滑和密封方式。

（4）掌握轴承组合设计的基本方法，综合创新轴系结构设计方案。

3.3.2 实验原理与内容

3.3.2.1 轴系的基本组成

轴系是由轴、轴承、传动件、机座及其他辅助零件组成的，以轴为中心的相互关联的结构系统。传动件是指带轮、链轮、齿轮和其他做回转运动的零件。辅助零件是指键、轴承端盖、调整垫片和密封圈等零件。

3.3.2.2 轴系零件的作用

轴用于支承传动件并传递运动和转矩，轴承用于支承轴，机座用于支承轴承，辅助零件起连接、定位、调整和密封等作用。

3.3.2.3 轴系结构满足的要求

轴和轴上零件要有准确、可靠的工作位置，轴系零件应具有较高的承载能力，轴的支承应能适应轴系的温度变化，轴系零件要便于制造、装拆、调整和维护。

3.3.2.4 实验要求

组装一种典型轴系结构，了解轴和轴上零件的各部分形状及作用，轴承类型，安装、固定和调整方式，润滑及密封装置类型和结构特点。测量一种轴系的各部分结构尺寸，并绘制轴系结构装配图。

3.3.3 实验仪器

轴系组装实验箱，包括模块化轴段（用于组装成不同结构、形状的阶梯轴）；轴上零件，包括齿轮、蜗杆、带轮、联轴器、轴承、轴承座、端盖、套杯、套筒、圆螺母、轴端压板、止动垫圈、轴用弹性挡圈、孔用弹性挡圈、螺钉、螺母等；活动扳手、游标卡尺、挡圈钳。

3.3.4 实验方法与步骤

3.3.4.1 组装轴系结构

组装轴的各零件时，要考虑轴的强度、刚度、加工、装配的关系。组装轴上零件时，要考虑定位及固定方式。安装轴承时，要考虑布置、固定及调整方式。分析润滑及密封装置的类型、结构和特点，组装后进行检查，重点检查轴和轴上零件的定位。

3.3.4.2 轴系测绘

测绘轴的各段直径、长度及主要零件尺寸。查手册确定滚动轴承、螺纹连接件、键、密封件等有关标准件的尺寸。

3.3.4.3 绘制轴系结构装配图

将测量出的各个主要零件的尺寸对照轴系实物，绘制轴系结构装配图。图幅和比例应适当，结构清楚合理，装配关系正确，符合机械制图的规定。在图上标注必要的尺寸，主要有轴的各部分尺寸、键的尺寸和传动零件尺寸。

3.3.5 实验记录与数据处理

根据自己装配的轴系绘制轴系结构装配图，重点画出装配关系，图纸表达符合规范，比例尺选择恰当，表达清晰，标注重点尺寸。

3.3.6 实验思考题

（1）轴为什么一般做成"中间大、两头小"的结构？
（2）如何区分轴头、轴颈、轴身？
（3）轴承的固定方式有哪几种？分别用于哪些情况？
（4）轴向间隙如何调整？
（5）常规下传动零件和轴承分别用什么方式润滑？

3.4 实验 4 减速器拆装实验

3.4.1 实验目的

（1）加深对减速器及其概念的认识与理解，为后续课程设计做好准备工作。
（2）了解各种不同类型减速器的整体结构与形式，熟悉各种零件的名称、形状、用途和各零件之间的装配关系，以及减速器各附件的名称、结构、安装位置和作用。
（3）了解轴承的安装尺寸和拆装方法，以及轴上零件的固定和调整方法。
（4）了解减速器中各种传动件的啮合情况及轴承游隙的测量和调整方法。

（5）了解齿轮、轴承等主要零部件的润滑、冷却及密封等。

3.4.2　实验原理与内容

（1）判断减速器的装配形式。

（2）了解铸造箱体的结构。

（3）观察、了解减速器附属零件的用途、结构和安装位置的要求。

（4）测量减速器的中心距、中心高、箱座上下凸缘的宽度和厚度、筋板的厚度、齿轮端面与箱内壁的距离、大齿轮顶圆与箱内壁和底面之间的距离、轴承内端面至箱内壁的距离等。

（5）了解轴承的润滑方式和密封位置（包括密封的形式），以及轴承内侧挡油环、封油环的作用原理、结构和安装位置。

（6）了解轴承的组合结构以及轴承的拆装、固定和轴向间隙的调整，测绘输出轴系部件的结构图。

3.4.3　实验仪器

单级圆柱齿轮减速器、二级展开式圆柱齿轮减速器、二级分流式圆柱齿轮减速器、圆锥－圆柱齿轮减速器、蜗杆减速器、其他类型的减速器模型、扳手、钳子、钢板尺、游标卡尺。

3.4.4　实验方法与步骤

（1）观察外部形状，判断传动方式、级数、输入轴和输出轴等。

（2）拧下箱盖与箱体间的连接螺栓，拔出定位销，借助起盖螺钉打开箱盖。

（3）边拆卸边观察，并就箱体形状、轴上零件的定位固定方式及装配关系、润滑密封方式、箱体附件（如通气器、油标、油塞、起盖螺钉、定位销等）的结构特点和作用、位置要求、加工方法和零件材料等进行分析比较。

（4）画出所拆装减速器的传动示意图，查出键的尺寸，作中间轴的装配草图。

（5）总结减速器结构设计中装拆的要求及注意问题。

（6）将减速器复原装好，确保所有零件都装配好，且减速器可较轻松地手动转动，输入轴、输出轴无来回窜动现象。

3.4.5　实验记录与数据处理

（1）绘制减速器的传动示意图，并标注各齿轮的齿数、螺旋方向。

（2）绘制中间轴的装配结构草图，根据轴颈及齿轮轮毂的宽度，查手册标出键的尺寸（$b \times h \times L$）。

3.4.6　实验思考题

（1）将箱盖和箱座连接在一起的螺纹连接是双头螺栓还是普通螺栓？

（2）圆锥销的作用是什么？

（3）观察减速器内的工作情况，解释加油用什么结构来实现。

（4）箱体和箱盖是用什么材料做的？

（5）靠什么零件来实现箱体和箱盖在剖分面的分离？

（6）箱体最底部安装螺塞的作用是什么？

（7）箱体内的油面高度由什么测量？

（8）为什么减速器中有的轴上要安装挡油环？

（9）轴承盖是怎样固定的？

（10）轴承的类型有哪些？

（11）输入轴为什么比输出轴细？

（12）有的轴和齿轮制成一体，称为什么？为什么要制成一体？

3.5　实验 5　机械传动部件效率综合实验

3.5.1　实验目的

（1）根据给定的实验内容、设备及条件，通过实验，达到开发、培养、提高学生的动手能力和综合设计实验的能力，了解、掌握机械运动的一般规律以及现代测试原理和方法，增强创新意识与工程实践能力，实现预期实验目的。

（2）根据实验项目要求，进行有关"带传动""链传动""齿轮传动""蜗杆传动"及"综合机械传动"等实验方案的创意设计，实验装置的设计、搭接、组装及调试，实验测试方法的选择，实验操作规程的制定，实验数据的测试，实验结果分析及实验装置结构简图的绘制。

3.5.2　实验原理与内容

综合设计型机械设计实验台由动力模块、传动模块、支承连接及调节模块、加载模块、测试模块及数据处理模块搭接而成，其系统示意图如图 3-9 所示。

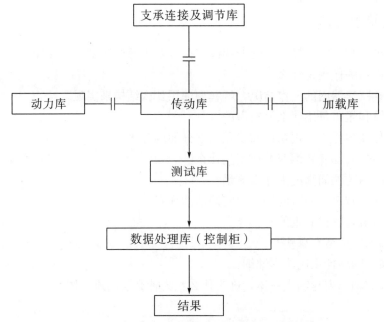

图 3-9 综合设计型机械设计实验台系统示意图

综合设计型机械设计实验台利用传动模块中不同组件的选择及组合搭配，通过支承连接及调节模块的搭接，可构成多种实验模式，如带传动实验台、链传动实验台、齿轮传动实验台、蜗杆传动实验台和组合传动实验台。

综合设计型机械设计实验台结构如图 3-10 所示。

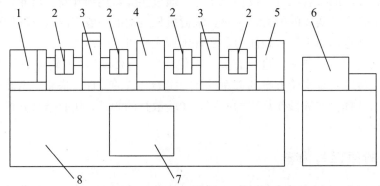

1—变频电机；2—联轴器；3—扭矩转速传感器；4—传动装置；5—磁粉制动器；

6—工控及测试软件；7—扭矩转速测量仪；8—工作台

图 3-10 综合设计型机械设计实验台结构

机械传动效率测试见以下公式：

$$\eta = \frac{P_0}{P_i} = \frac{n_0 T_0}{n_i T_i}$$

由上式可知，只要测得输入传动装置的扭矩和转速以及传动装置输出的扭矩和转速，就可以得到传动效率。系统中磁粉制动器可以连续提供不同负载，则可以得到不同负载情况下传动装置的效率曲线。

3.5.3　实验仪器

综合设计型机械设计实验台由以下模块组成：

（1）动力库。变频电机 Y90L—4—1.5，额定功率为 1.5 kW，满载转速为 1420 r/min。

（2）传动库。①常用减速器：圆柱齿轮减速器、蜗杆减速器。②常用基础传动件：V 带传动，小带轮（A 型、B 型）、大带轮（A 型、B 型）、普通 V 带（A 型、B 型）。链传动：小链轮（A 型、B 型）、大链轮（A 型、B 型）、滚子链（A 型、B 型）链条。

（3）加载库。磁粉制动器 CZ5，额定转矩为 50 N·m，滑差功率为 4 kW。

（4）测试库。①转速转矩测量仪，额定转矩为 50 N·m，转速范围为 0～6000 r/min；②机械效率仪 PC201。

（5）支承连接与调节库。①轴系连接件：各种规格弹性联轴器、各种规格连接键、各种规格锁紧螺母及垫片。②连接轴系：连接轴、滚动轴承、轴承座。③连接螺栓、垫片、螺母：各种规格 T 型连接螺栓、垫片、螺母，各种规格普通连接螺栓、垫片、螺母。④基础平台。⑤支承平台。⑥调节导轨。⑦中心高调节装置：中心高调节平台，调节螺栓、垫片、螺母，组合调节套筒。

3.5.4　实验方法与步骤

3.5.4.1　实验前准备及注意事项

（1）搭建实验装置前，应仔细阅读实验台的使用说明书，熟悉主要设备的性能、参数及使用方法，正确使用仪器设备和测试软件。

（2）搭接实验装置时，电动机、被测传动装置、传感器、加载器的中心高均不一致，应选择合适的支承、连接件，调整好设备的安装精度，使测量数据精确。

各主要搭接件中心高及轴径尺寸为：Y90L—4 电机，中心高 90 mm，轴径 24 mm；NJ0 传感器，中心高 60 mm，轴径 12 mm；NJ1 传感器，中心高 85 mm，轴径 26 mm；FZJ—5 加载器，中心高 150 mm，轴径 22 mm；蜗杆减速器，上置输入轴中心高 135 mm，轴径 19 mm、输出轴中心高 72 mm、轴径 25 mm；轴承座，中心高 175 mm，轴径 22 mm；齿轮减速器，中心高 175 mm，轴径 19 mm、25 mm。

（3）在有带传动、链传动的实验装置中，为防止压轴力直接作用于传感器，影响测试精度，一定要安装试验台配置的专用轴承座。

（4）带轮、链轮与轴连接采用新型紧定锥套结构，装拆方便快捷，安装时应保证固定可靠，拆卸时应用螺钉拧入顶出孔，顶出锥套。

（5）测试实验数据前，应对测试设备进行调零。调零时，应将传感器负载侧联轴器脱开，启动电动机，调节 JX—1A 效率仪的零点，保证测量精度。

（6）施加实验载荷前，最好将磁粉制动器冷却水（普通自来水管）打开。实验结束后，应卸除载荷，关闭水源。若实验时间短，也可不开冷却水。

（7）施加实验载荷时，应平稳旋动 WLY—1A 稳流电源的激磁旋扭，并注意传感器的最大转矩应分别不超过额定值的 120%。要特别注意蜗杆传动实验时大传感器的转矩。

（8）开始实验时，必须先启动电机，后施加载荷。

（9）实验过程中若遇电机转速突然下降或者出现不正常的噪音和振动，必须卸载或紧急停车，以防电机突然转速过高烧坏电机、电器或出现其他意外事故。

3.5.4.2 实验步骤

（1）确定传动方案，并根据方案安装实验台。

（2）接通电源，打开稳流电源、机械效率仪。

（3）按下第三排绿色开关，运行传动装置。

（4）打开计算机，进入"实验管理"菜单"新建实验"，设置参数（选择对应的传动装置）：带传动，$d=106$ mm，$\varepsilon=0.05$，$P_入=2$ kW，$n=1500$ r/min；齿轮传动，$i=1.5$，$P_入=2$ kW，$n=1500$ r/min；链传动，$Z_1=21$，$Z_2=21$，节距$=12.7$，$P_入=2$ kW，$n=1500$ r/min；蜗杆，$i=7.5$，$P_入=2$ kW，$n=1500$ r/min。

（5）输入参数后，可选择"连续采样"或"单步采样"。

①连续采样。顺时针旋转稳流电源右上角的旋钮（即加载），每均匀旋转一次，仪器自动采样，并出现一组数据，画出对应的效率曲线。

②单步采样。顺时针旋转稳流电源右上角的旋钮（即加载），每均匀旋动一次，鼠标点击"单步采样"一次，仪器进行单步采样，重复操作，可得到一组数据，画出对应的效率曲线。

注意：无论采用哪种采样模式，当 $M_2<60$ 时，应停止加载，卸载前，先点击"停止采样"，即逆时针旋转右上角的旋钮，直至将负载卸完。

（6）按下第三排红色按钮，关闭电机，关闭系统。

3.5.5 实验记录与数据处理

（1）记录实验所测数据，整理后填入下列表格。

输入功率（kW）	输入频率（Hz）	输入扭矩（N·m）	转速比	输出扭矩（N·m）	输出转速（r/min）	输出功率（kW）	扭矩比	效率
1.5	30							
	35							
	40							
	45							
	50							

续表

输入功率 （kW）	输入频率 （Hz）	输入扭矩 （N·m）	转速比	输出扭矩 （N·m）	输出转速 （r/min）	输出功率 （kW）	扭矩比	效率
0.5								
0.75								
1	50							
1.25								
1.5								
	30							
	35							
	40	10						
	45							
	50							

（2）根据实验结果画出传动效率曲线。

3.5.6　实验思考题

（1）扭矩比和转速比有何不同？

（2）同一转速下，当输出功率不同时，效率有何不同？

（3）变频调速是怎样控制电机速度的？

（4）所测传动装置效率随负载如何变化？

3.6　实验 6　滑动轴承轴瓦油膜压力实验

3.6.1　实验目的

（1）掌握实验装置的结构原理，了解滑动轴承的润滑方式、轴承实验台的加载方法以及轴承实验台主轴的驱动方式和调速原理。

（2）掌握实验台所采用的测试用传感器的工作原理。

（3）通过实验测试的周向油膜压力分布及轴向油膜压力分布，掌握滑动轴承中流体动压油膜形成的机理及滑动轴承承载机理。

（4）通过实验，掌握工况参数和轴承参数的变化对滑动轴承润滑性能及承载能力的影响。

3.6.2 实验原理与内容

3.6.2.1 液体动压轴承承载的流体力学原理——楔效应承载机理

如图3-11所示，A、B平行，板间充满有一定黏度的润滑油，若B板静止不动，A板以速度 v 沿 x 方向运动。由于润滑油的黏性及其与平板间的吸附作用，与A板紧贴的流层流速 v 等于 V，其他各流层的流速 v 则按直线规律分布。这种流动是由油层受到剪切作用而产生的，称为剪切流。这时通过两平行板间的任何垂直截面处的流量都相等，润滑油虽能维持连续流动，但油膜对外载荷并无承载能力（这里忽略了流体受到挤压作用而产生压力的效应）。

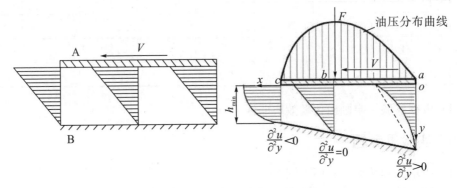

图3-11 楔效应承载机理原理图

当两平板相互倾斜使其间形成楔形收敛间隙，且移动的运动方向是从间隙较大一方移向间隙较小一方时，若各油层分布规律如图3-11中的虚线所示，那么进入间隙的油量必然大于流出间隙的流量。设液体是不可压缩的，则进入楔形收敛间隙的过剩油量必将由入口 a 及出口 c 两处截面被挤出，即产生一种因压力而引起的流动，称为压力流。这时楔形收敛间隙中油层流动速度将由剪切流和压力流叠加，故入口油的速度曲线呈凹形，出口油的速度曲线呈凸形。只要连续充分地提供一定黏度的润滑油，并且A、B两板的相对速度 V 足够大，流入楔形收敛间隙流体产生的动压力就能够稳定存在。这种具有一定黏度的流体流入楔形收敛间隙而产生压力的效应叫作流体动力润滑的楔效应。

由上可知，形成流体动力润滑（即形成动压油膜）的必要条件是：

（1）相对运动的两表面间必须形成收敛的楔形间隙。

（2）被油膜分开的两表面必须有一定的相对滑动速度，其运动方向必须是润滑油从大口流进，小口流出。

3.6.2.2 承载油膜的形成过程

径向滑动轴承的轴颈与轴承孔间必须留有间隙，如图3-12所示，当轴颈静止时，轴颈处于轴承孔的最低位置，并与轴瓦接触。此时，两表面间自然形成楔形收敛间隙。当轴颈开始转动时，速度极低，带入轴承间隙中的油量较少，这时轴瓦对轴颈的摩擦力方向与轴颈表面圆周速度方向相反，迫使轴颈在摩擦力作用下沿孔壁向右爬升。随着转速增大，轴颈表面圆周速度增大，带入楔形收敛间隙的油量逐渐增多。这时，右侧楔形油膜产生了一定动压力，将轴颈向左浮起。当轴颈达到稳定运转时，轴颈便稳定在一定的偏心位置上。此时轴承处于流体动力润滑状态，油膜产生的动压力与外载荷 F 相平衡。由于此时轴承内的摩擦阻力仅为液体的内阻力，故摩擦系数达到最小值。

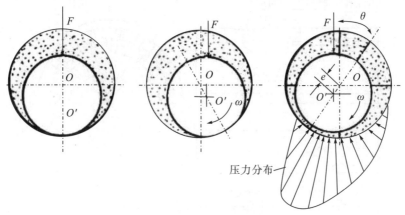

图 3−12 径向滑动轴承形成流体动力润滑过程

3.6.3 实验仪器

JYCS−Ⅲ机械系统性能研究及参数分析实验台机械结构如图 3−13 所示。

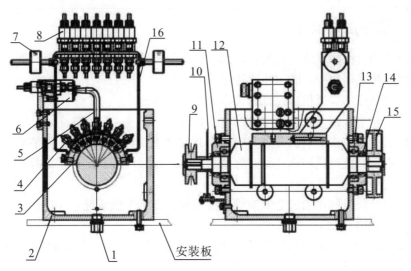

1—放油螺塞；2—箱体；3—轴瓦；4—油管组件；5—测力压头；6—测力传感器；7—平衡锤；
8—压力传感器（管路）；9—三角带轮（链轮）；10—光电传感器；11—轴承盖；12—主轴；
13—轴承；14—油封；15—（平、三角）皮带轮；16—传感器支架

图 3−13 JYCS−Ⅲ机械系统性能研究及参数分析实验台机械结构

传感器支架上方装有螺纹连接平衡锤，其上同时固定了 8 个压力传感器，下方与轴

瓦通过螺栓连接。油管组件一端通过油嘴与 8 个压力传感器相连，另一端与轴瓦出油孔贯通。测力压头安装在轴瓦的另一侧，伴随轴瓦一起运动并支承于主轴上。测力传感器通过连接板固定于箱体上，传感器受力点与测力压头的施力点相对应。

轴瓦结构如图 3-14 所示。

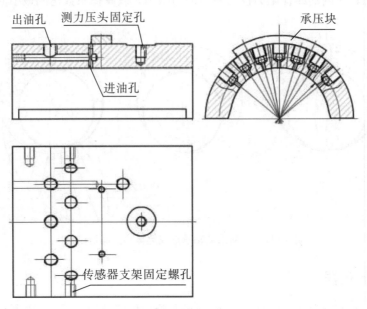

图 3-14　轴瓦结构

3.6.4　实验方法与步骤

（1）对实验台机械系统进行检查，用手拉皮带主轴，应能较轻松地转动。

（2）将各传感器接头与测试箱通道正确相连。

（3）将测试箱串口通信口与计算机串口通信口相连。

（4）将电机电源线与测试箱电机控制线相连。

（5）所有连接完毕后，可开始实验。松开加载螺纹，打开电源，调节测试箱上的电机调速增加按钮，使电机转速达到一定值（约 200 r/min）。逐步拧紧加载螺纹，使加载压力达到一定值（约 1500 N）。

（6）等待一段时间，通过透明油管观察各检测点的上油情况，并在测试箱和计算机上观察油压的数值变化。

（7）改变转速，各参数均会发生改变。计算机测试界面会将油膜压力分布曲线及 $f-\lambda$ 曲线自动绘制出来。

（8）改变转速及加载压力，得到不同结果。

（9）实验完毕后，松开加载螺纹，断开电源。

3.6.5　实验记录与数据处理

（1）记录实验数据，并将数据填入下列表格。

P_0(N)	n（r/min）	压应力读数（kg/cm^2）							
		1	2	3	4	5	6	7	8
1500	80								
	120								
	160								

（2）画出 P_0＝1500 N，n 分别为 80 r/min、120 r/min、160 r/min 时，径向和轴向压力分布图。

3.6.6　实验思考题

（1）哪些因素会影响液体动压轴承的承载能力及其动压油膜的形成？

（2）当载荷增加或转速升高时，油膜压力分布曲线有什么变化？

（3）轴向压力分布曲线与轴承宽径比 $\dfrac{B}{d}$ 之间有什么关系？当 $\dfrac{B}{d} \geqslant 4$、$\dfrac{B}{d} \leqslant \dfrac{1}{4}$ 时，其轴向油膜压力分布有何明显差异？求解流体动力润滑雷诺方程的简化方程有何不同？

第4章 数控技术实验

数字控制技术简称数控技术，是近代发展起来的一种自动控制技术。目前数控机床已成为机械加工行业的主体设备。数控技术实验是机械工程专业重要的专业技术课程内容，通过实验可使学生加深对数控技术的理解，提升学生实际运用技能，提高学生对机械制造业的认同感。本章实验主要从机床机械结构、手动编程、计算机自动编程、数控机床基本调试和实际上机加工五个方面进行。

4.1 实验1 现代数控机床机械结构认知实验

4.1.1 实验目的

（1）了解数控机床主轴结构及通用零部件结构。

（2）掌握数控机床机械结构特点、各部件间的装配关系及精度调整结构。

（3）了解现代数控机床传动与普通机床传动的异同点。

4.1.2 实验原理与内容

数控机床的主要组成部分与普通机床类似，具体为：①主传动系统及主轴部件，使刀具（或工件）产生主切削运动；②进给传动系统，使工件（或刀具）产生进给运动并实现定位；③基础件，床身、立柱、滑座、工作台等；④其他辅助装置，如液压、气动、润滑、切削液等系统及装置。

数控机床机械结构特点如下：

（1）具有较高的静、动刚度和良好抗震性。

（2）具有较好的热稳定性。

（3）传动系统机械结构简化。利用伺服进给系统代替普通机床的进给系统，并可以通过主轴调速系统实现主轴自动变速。电动机可以直接连接主轴和滚珠丝杠，齿轮、轴类零件、轴承的数量大大减少。

（4）高传动效率和无间隙传动装置。高效、无间隙传动装置和元件在数控机床上得到了广泛应用，如滚珠丝杠副、塑料滑动导轨、静压导轨、直线滚动导轨等高效执行部件，不仅可以减少进给系统的摩擦阻力，提高传动效率，而且可以使运动平稳，获得较高的定位精度。

（5）采用低摩擦因数的导轨，可让机床托板按照规定的方向（平行或垂直于主轴轴线的方向）移动（三角形导轨"定向"），并承载切削时的切削抗力（矩形导轨"承载"）。

（6）工作台可实现多种运动方式，以满足零件加工的多种要求。

（7）有辅助装置保护机床，提高工件质量。

（8）刀库和自动换刀装置实现了连续加工，可减少换刀时间和工件装卸次数，提高生产效率。

ET100-ZT 数控装调实训车床（图4-1）、EM120-ZT 数控装调实训铣床（图4-2）是专为机械专业师生拆装学习现代机床机械结构而开发的专用设备，各部件结构均与加工型斜导轨数控车床和标准数控铣床无异，体型大小、重量均适合实验室无吊装设备。该设备拥有工业数控机床的所有结构，且出厂精度符合数控机床精度要求，可挂载伺服电机进行小零件的机械加工。

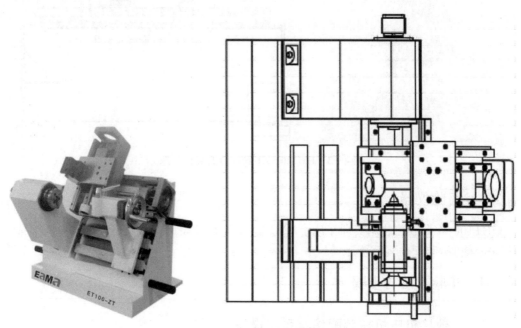

图 4-1   ET100-ZT 数控装调实训车床

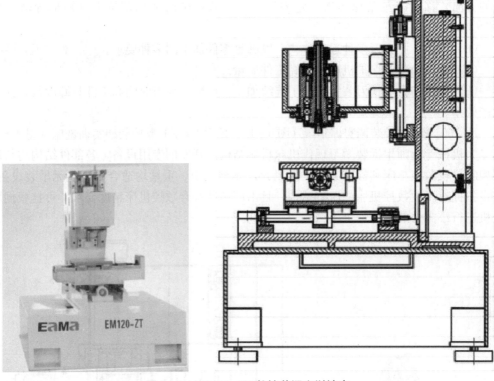

图 4－2　EM120－ZT 数控装调实训铣床

4.1.3　实验仪器

ET100－ZT 数控装调实训车床、EM120－ZT 数控装调实训铣床、配套拆装工具、数控机床机械装配仿真系统。

4.1.4　实验方法与步骤

4.1.4.1　数控机床机械装配仿真系统操作

（1）插入密码狗。

（2）点击桌面图标 ，打开数控机床机械装配仿真系统，选择车床或铣床模块，进入如图 4－3 所示界面，可选择不同的模块进行学习，包括拆装、装配图纸、调试、装配视频和测量，可以多角度了解机床零部件的结构。

图 4-3 数控机床机械装配仿真系统"功能选区"

（3）拆装模块学习。点击如图 4-4 所示界面按钮，如点击"X 自动拆除"，再点击播放按钮，即可多角度观看拆装过程，了解拆装工艺。

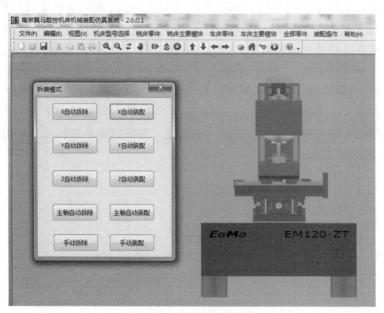

图 4-4 数控铣床拆装系统

4.1.4.2 机床拆装

机床拆装应遵循"先拆十字滑台,后拆主轴、车床尾座"的原则。

拆装十字滑台时,先拆上层,再拆下层。以如图 4-5 所示数控车床工作台为例,来说明拆装十字滑台的步骤:先拆车床工作台,取下活灵座垫板,再拆左侧小轴承座和右侧电机支架、大轴承座,取下大轴承座垫板,取下丝杠(注意:拆卸丝杠时,必须保证螺母不滑动)。

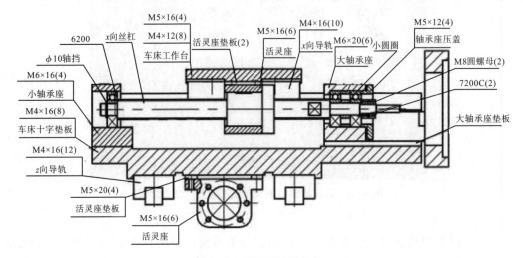

图 4-5　数控车床工作台

接下来拆除左端 $\phi10$ 的挡圈,再拆 6200 轴承、右端 M8 锁紧螺母、轴承盖压板,卸下 7200C 轴承和大、小隔套,取出丝杠,卸下活灵座、导轨,至此 x 向导轨拆卸完毕(注意:活灵座严禁从丝杠取下,导轨座严禁从导轨取下)。装配时,导轨成对使用,不可混用,注意安装方位。7200C 轴承必须面对面或背对背安装。

数控机床主轴结构如图 4-6 所示。拆卸主轴时,先拆下压紧盖、$\phi20$ 锁紧环,取下皮带轮,卸下 M14 圆螺母,取下后端盖及 6205 轴承和衬套,卸下法兰盖、7007C 轴承和大、小隔套,即可卸下主轴。装配过程相反,装配时需要进行测量,以保证机床精度并进行相应调整。

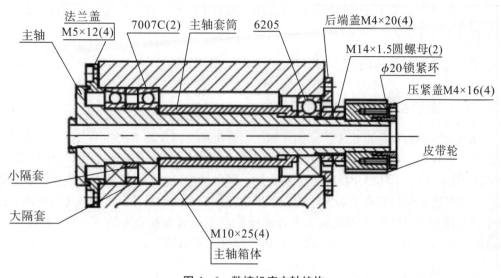

图 4-6　数控机床主轴结构

4.1.5　实验记录与数据处理

根据拆装和讲解内容，记录数控机床机械结构特点，重点观察丝杠螺母、导轨的结构特点，了解丝杠预紧的作用和方法，描述数控机床机械组成部分及其功能。

4.1.6　实验思考题

（1）从设计的角度出发，应设计什么零件来调整装配时丝杠和导轨之间的位置关系，上、下、左、右用什么来调节？装配时如何调节？丝杠、导轨具有互换性吗？

（2）为什么丝杠和主轴上各有三个轴承？各自有什么作用？靠近一端两个轴承为什么用大、小隔套分开？

（3）结合所学知识，分析滚珠丝杠螺母副是否具有自锁性。铣床 z 轴必须自锁，其自锁功能靠什么来实现？

（4）铣床立柱中为什么有配重？所拆装机床导轨属于滚动导轨还是滑动导轨？这两种导轨分别用在什么场合？

（5）结合书本和拆装过程，说明滚珠丝杠螺母副的支撑安装方式及其适用场合。

4.2　实验 2　手动数控编程及模拟实验

4.2.1　实验目的

（1）了解斯沃数控仿真软件的具体功能，熟练掌握运用仿真软件进行加工模拟的技巧。

（2）了解 FANUC 0i T 系统的操作，掌握常用 G 指令和 M 功能指令的用法。

（3）熟悉数控车床和数控铣床的基本结构及基本操作过程，能按照零件图纸进行数控编程及仿真加工。

4.2.2　实验原理与内容

4.2.2.1　斯沃数控仿真软件简介

斯沃数控仿真软件由机床厂家实际加工制造机床与高校教学实验平台结合的高性能数控仿真软件，主要包括 8 类、28 个系统、62 个控制面板，具有 FANUC、SIEMENS（SINUMERIK）、MITSUBISHI、广州数控、华中世纪星、北京凯恩帝、大连大森、南京华兴等数控系统的编程和加工功能。学生在计算机上操作软件，可在较短时间内掌握各系统数控车床、数控铣床及加工中心的操作，手动编程或直接调入 UG、PRO－E、Mastercam 等 CAD/CAM 生成的 NC 代码文件进行模拟加工。

4.2.2.2　软件界面简介

图 4－7 为斯沃数控仿真软件启动界面，选择"单机版"，"数控系统"选择"FANUC 0i T"，单击"运行"，进入如图 4－8 所示数控车床仿真环境界面。操作工具条用于文件的打开、保存，显示模式切换，以及刀具和机床常用参数的设定等；视图工具栏用于不同角度观察机床状态；数控系统屏幕仿真显示数控系统的状态；编程面板主要用于进行数控系统的仿真操作；操作面板主要对机床的运动状态进行仿真操作；主窗口屏幕显示机床的状态。操作面板按钮功能和真实系统面板按钮功能一致。实验前要先掌握各功能菜单或按钮的作用。

图 4－7　斯沃数控仿真软件启动界面

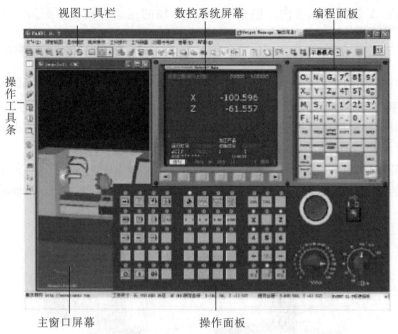

视图工具栏　　数控系统屏幕　　编程面板

操作工具条

主窗口屏幕　　　　　　操作面板

图 4-8　数控车床仿真环境界面

4.2.2.3　数控机床坐标系

1. 数控机床坐标系的确立原则

（1）刀具相对于静止工件运动。

（2）数控机床某一部件运动的正方向是增大工件与刀具之间距离的方向。

（3）数控机床坐标系采用笛卡尔坐标系（图 4-9），右手三指互成直角，拇指指向 X 轴正方向，食指指向 Y 轴正方向，中指指向 Z 轴正方向。

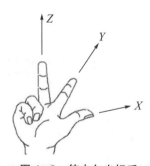

图 4-9　笛卡尔坐标系

① Z 轴。Z 轴的运动由传递切削动力的主轴规定。对于铣床、镗床、钻床等，是主轴带动刀具旋转。

② X 轴。X 轴一般是水平的，平行于工件的装夹平面，这是刀具或工件在定位平面内运动的主要坐标轴。

③Y 轴。Y 轴的运动方向，根据 X 轴和 Z 轴的运动方向，按照笛卡尔坐标系来确定。

2. 数控机床坐标系简图

立式升降台铣床［图 4-10(a)］的坐标方向为：Z 轴垂直（与主轴轴线重合），向上为正方向；面对机床立柱左右移动方向为 X 轴，将刀具向右移动（工作台向左移动）定义为正方向；根据笛卡尔坐标系，Y 轴应同时与 Z 轴和 X 轴垂直，且正方向指向床身立柱。

卧式升降台铣床［图 4-10(b)］的坐标方向为：Z 轴水平，且向里为正方向（面对工作台的平行移动方向）；工作台平行向左移动方向为 X 轴正方向；Y 轴垂直向上。

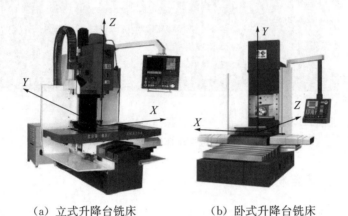

（a）立式升降台铣床　　（b）卧式升降台铣床

图 4-10　铣床坐标系

3. 机床原点

机床原点是指在机床上设置的作为加工基础的一个特定的点，也称为机床零点。以机床原点建立的坐标系称为机床坐标系，如图 4-11 所示。

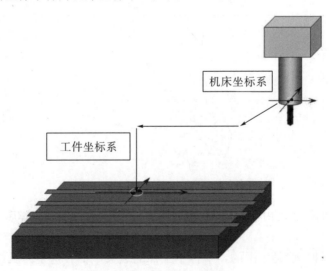

图 4-11　机床原点与工件原点

4.2.2.4　工件原点（编程原点）

在工件上选定一特定点为原点建立坐标系，该坐标系为工件坐标系。坐标系原点是确定工件轮廓编程和节点计算的原点，叫作工件原点，也叫作编程原点。

对于在数控机床上加工的工件，必须通过一定方法把工件原点（实际上是工件原点所在的机床坐标系的坐标值）体现出来，这个过程叫作对刀，主要有试切法对刀和工具对刀。试切法对刀是利用铣刀与工件相接触产生切屑或摩擦声来找到工件原点的机床坐标系的坐标值，它适用于工件侧面要求不高的场合。对于模具或表面要求较高的工件，需采用工具对刀，通常选用偏心式寻边器或光电式寻边器进行 X 轴、Y 轴零点的确定，利用 Z 轴设定器进行 Z 轴零点的确定。

4.2.3　实验仪器

基于 Windows XP/Windows 7/Windows 8/Windows 10 的计算机及斯沃数控仿真软件。

4.2.4　实验方法与步骤

（1）进入如图 4-8 所示数控车床仿真环境界面后，先熟悉各个区域的主要功能，再进行机床的简单操作，如机床上电、回零、手动移动机床等，然后进行刀具装夹、工件毛坯设定及装夹、试切工件并建立坐标系、编写零件加工程序、数控仿真加工等相关实验内容。

（2）零件数控加工工艺分析，根据零件图纸尺寸要求，选择合适的刀具和加工工艺，做好加工前准备。

①刀具选择及装夹。

选择"机床操作"中"刀具库管理"，选择所用刀具，之后添加刀具。车刀刀具参数较少，刀具只能添加到刀盘，如图 4-12(a) 所示。铣刀刀具参数较多，安装刀具时，可以选择"添加到刀库"或"添加到主轴"，如图 4-12(b) 所示。选择"添加到刀库"时，会提示添加到刀库的到位号；选择"添加到主轴"时，刀具会直接安装到主轴上。

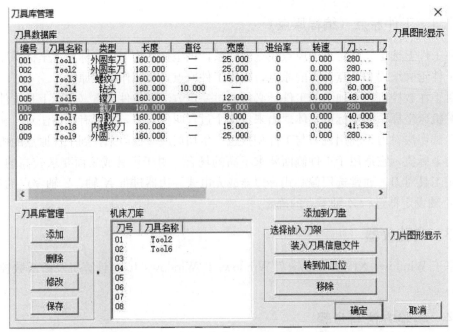

（a）车刀刀具选择

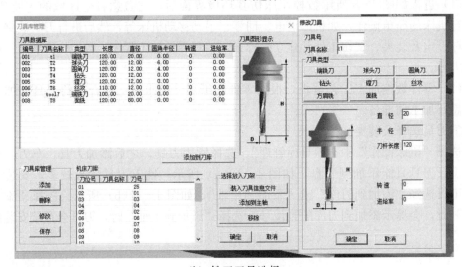

（b）铣刀刀具选择

图 4-12　刀具选择及装夹

②毛坯设定及装夹。

车床：选择"工件操作"中"设置毛坯"，输入工件直径、工件长度，点击"确定"。软件界面如图 4-13（a）所示。

铣床：选择"工件操作"中"工件装夹"，选择"平口钳装夹"，进行位置微调，点击"确定"。软件界面如图 4-13（b）所示。

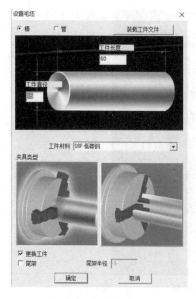

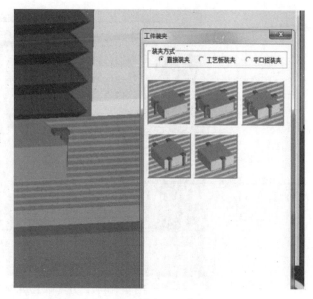

（a）车床毛坯　　　　　　　　　　（b）铣床毛坯装夹

图 4-13　毛坯设定及装夹

③建立工件坐标系。

安装好刀具和工件后，要进行零件的试切和坐标系设定，即"对刀"。以外圆车刀为例阐述操作方法：点击机床操作面板上"手动数据输入 MDI" ，使其点亮，点击系统面板上的 ![PROG] 按钮，再点击显示屏下方软件对应的"MDI" ![icon]，之后在系统面板上输入"T0101；M03S500"（注意两条指令用"；"隔开），点击 ![INSERT]，上述指令代码则显示在数控系统显示屏上。在机床操作面板上点击循环启动按钮 ![icon]，刀具 T1 转换为当前刀具，且主轴开始旋转，点击机床操作面板上的"手动进给 JOG" ![icon]，使其点亮，分别选择"X""Y""Z"按钮移动机床，使刀具逐渐接近工件。车床调整好 X 方向的切削深度后长按"Z"进行车削进给，铣床调整好 Z 方向的切削深度后长按"X"或"Y"进行铣削进给，将工件车削去除一点材料，完成对刀。

④点击系统面板上 ![OFFSET SETTING]，通过系统显示屏下方软件进入"刀具补正/几何"界面，如图 4-14 所示。

图 4-14 "刀具补正/几何"界面

将光标移动到"番号 G 001""X"对应位置，然后输入第 3 步对刀得到 X 轴的值，再点击显示屏幕下方"测量"按钮，数值将被自动计算后更改，同理完成其他坐标轴的对刀。

注意：在设定刀具几何长度补偿时不要移动刀具，待数据完全设定完成后可以进行工件测量，并将刀具远离工件。

（4）编写零件加工程序。编写零件加工程序需要熟练掌握数控编程指令的格式要求和参数含义，本实验以 FANUC 0i T 数控系统为标准进行程序编写。

（5）数控仿真加工。将数控加工程序单复制并保存为 txt 文本格式，重新装夹毛坯，在机床操作面板上选择"编辑" ![icon]，点击"文件""打开"菜单，选择"NC 代码文件"，选择保存好的 txt 文档的 NC 程序并打开，程序自动输入数控仿真系统（图 4-15），点击"自动" ![icon]、"循环启动" ![icon]，开始数控仿真加工零件，最终完成的零件如图 4-16 所示。

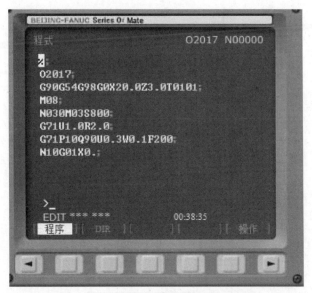

图 4-15　程序自动输入数控仿真系统

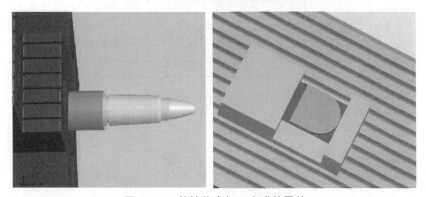

图 4-16　数控仿真加工完成的零件

4.2.5　实验记录与数据处理

完成以下两个零件数控仿真加工程序的编制，并模拟检验程序的正确性，记录正确的数控仿真加工程序。

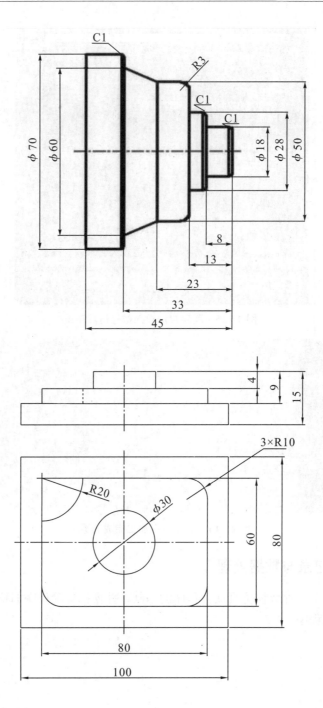

4.2.6 实验思考题

(1) 数控代码 G0 和 G01 有什么区别? 使用时有哪些注意事项?

(2) 简述 G71 和 G70 指令的区别。

(3) 什么是顺铣、逆铣? 它们各有什么优缺点?

(4) 什么是左刀补、右刀补? 它们分别在什么时候使用?

4.3　实验 3　计算机自动编程及模拟实验

4.3.1　实验目的

（1）熟悉典型零件在数控铣床（或加工中心）的加工过程，熟悉运用自动编程软件在数控加工技术方面的专业知识。

（2）掌握运用 Mastercam 进行外形铣削、挖槽加工、面铣及钻孔加工等刀具路径自动编程的方法，以及合理选择退刀点、刀具补偿、刀具路径规划等知识。

（3）考虑现有工艺装备条件，掌握运用 Mastercam 自行设计零件模型并对其进行刀具路径自动编程、合理选用切削用量、模拟路径和仿真加工等技巧。

4.3.2　实验原理与内容

自动编程是利用计算机专用软件来编制数控加工程序，编程人员只需根据零件图样的要求，使用数控语言，由计算机自动进行数值计算和后置处理，编写出零件加工程序单，加工程序通过直接通信的方式输入数控机床进行数控加工。自动编程使一些计算烦琐、手动编程困难或无法编出的程序能够顺利完成。目前常用的实现自动编程的 CAM 软件有 Mastercam、UG、PROE、CATIA 和 Powermill 等，它们可以实现多轴联动的自动编程并进行仿真加工。本实验采用的自动编程软件是 Mastercam X9。

Mastercam 是美国 CNC Software 公司开发的 CAD/CAM 软件，集二维绘图、三维实体造型、曲面设计、体素拼合、数控编程、刀具路径和真实加工模拟等多种功能于一身。Mastercam 不仅具有强大稳定的造型功能，可设计出复杂的曲线、曲面零件，而且具有强大的曲面粗加工及灵活的曲面精加工功能。Mastercam 的可靠刀具路径效验功能使其可模拟零件加工的整个过程，模拟中不但能显示刀具和夹具，还能检查出刀具和夹具与被加工零件的干涉、碰撞情况，能够真实反映加工过程中的实际情况。Mastercam 对系统运行环境要求较低，在造型设计、CNC 铣床、CNC 车床或 CNC 线切割等加工操作中，都能使用户获得较好的效果。Mastercam 已被广泛应用于通用机械、航空、船舶、军工等设计与数控加工。

运用数控铣床或加工中心（FANUC 系统），根据零件形状、尺寸、精度和表面粗糙度等技术要求制定加工工艺，选择加工参数，通过手工编程或 CAM 软件自动编程，将编制好的加工程序输入控制器。控制器对加工程序进行处理后，向伺服装置传送指令。伺服装置向伺服电机发出控制信号。主轴电机使刀具旋转，X、Y 和 Z 向的伺服电机控制刀具和工件按一定轨迹进行相对运动，并加以一系列的辅助动作，从而实现零件轮廓、型腔、钻孔、攻丝等工序的加工。数控铣床（加工中心）可以加工形状比较复杂的零件，还可通过自动编程加工非线性曲面等。从结构上看，加工中心比数控铣床多了一套自动换刀装置（ATC），自动化程度更高，生产率更高，适合加工较大批量的零件。

4.3.3 实验仪器

加工中心、计算机、Mastercam X9 软件、U 盘。

4.3.4 实验方法与步骤

下面以 Mastercam X9 软件为例，说明数控加工自动编程的主要步骤和操作方法，具体如下：

（1）根据要求自行设计或采用其他 CAD 软件导入零件 CAD 模型，可以是二维平面，也可以是三维立体或曲面，具体操作应根据不同 CAD 文件格式进行转化，常用的 CAD 文件格式有 DXF、DWG、IGS 等，建议文件名定义为英文及数字组合。双击 打开 Mastercam X9，进入软件界面。将事先设计好或转换好的 CAD 模型导入绘图区，以导入 DXF 文件为例，点击"文件""打开"，选择"AutoCAD 文件"，如图 4-17所示。选择"视图""适度化"或 ，再按键盘 F9 建立绘图坐标系，最后将 CAD 图形移至需要的位置。CAD 图形导入后的界面如图 4-18 所示。

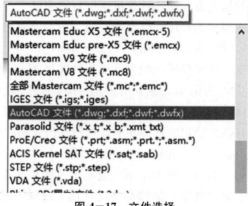

图 4-17 文件选择

图 4-18　CAD 图形导入后的界面

（2）选择加工机床类型。选择"铣床""默认类型"。

（3）毛坯设置。点击"机床群组""毛坯设置"，弹出如图 4-19 所示窗口，根据模型尺寸设置毛坯尺寸。毛坯原点设在左下方上表面（和绘图坐标系一致），点击"√"出现红色虚线框图，如图 4-20 所示，检查是否与图形对应，若不对应，返回重新设定。

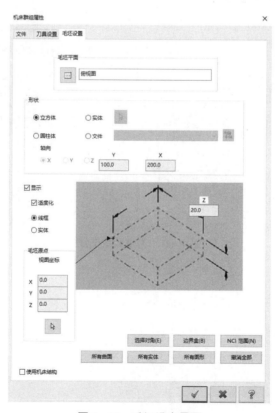

图 4-19　毛坯设定界面

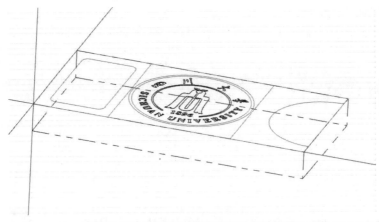

图4-20 毛坯设定成功后红色虚线框图

（4）选择刀路。点击"选择刀路"选择"外形选项"，弹出"外形铣削"窗口，在其空白处单击鼠标右键，选择"建立新的刀具…"，选择并单击倒角刀图标弹出"刀具"对话框，选择"串联"（图标），鼠标拾取加工的基准线段，如图4-21所示，点击"√"，在弹出的窗口依次设定"刀具""切削参数""共同参数"等，计算后，刀具路径如图4-22所示。挖槽加工和外形铣削操作类似，设定"刀具""切削参数""共同参数"等，在实验过程中注意区分。

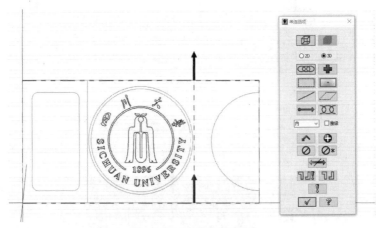

图4-21 基准线段选择

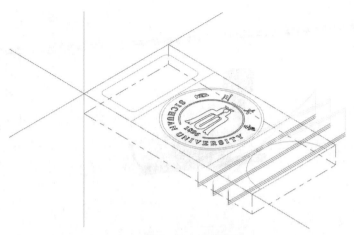

图 4-22 刀具路径

（5）加工仿真。分别在"外形铣削"和"2D挖槽"正确设置刀具路径和加工参数后，进入仿真加工操作，点击"刀路"窗口中 [选择全部操作] ，所有加工工序将被选中，再点击"验证已选择的操作"，弹出模拟仿真动态切削界面（图4-23），点击播放按钮，进行动态切削，完成加工后得到零件模型，如图4-24所示。

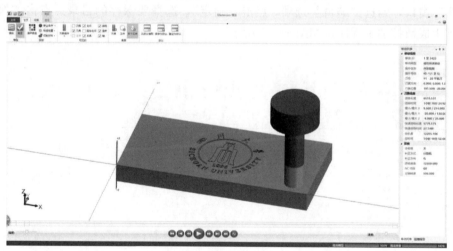

图 4-23 模拟仿真动态切削界面

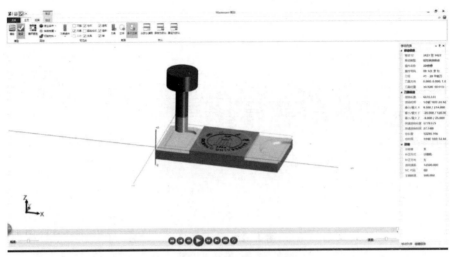

图 4—24　加工后的零件模型

（5）检查加工路径是否有误（如碰撞、过切等）、切削参数是否设定合理，如果有误或需要修改，按照前述步骤返回，找到相应窗口重新设定或选择，确认无误后，找到"刀路"窗口 G1 锁定，选择"操作后处理"按钮，单击"选择后处理"，弹出"后处理程序"窗口，勾选"编辑"选项，点击"确定"，选择要保存的目录后点击"保存"，待处理生成数控加工程序，如图 4—27 所示。

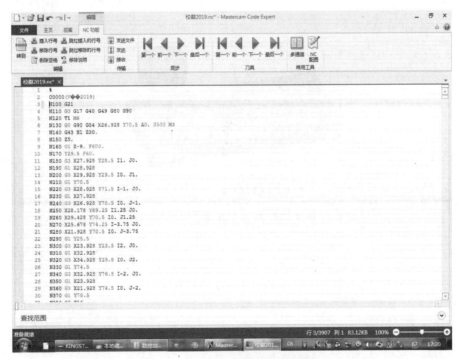

图 4—25　生成的数控加工程序代码

（6）根据实际数控机床对刀具路径进行检查和仿真模拟，对数控加工程序进行修改和校验，确认无误且刀具和工件均安装牢固、建立好工件坐标原点（编程原点）后，请指导教师再次进行检查，无误后方可将程序导入数控机床进行试切加工。

4.3.5 实验记录与数据处理

自行设计或选择给定零件，设计加工工艺过程，合理设置刀具路径和加工参数，生成数控加工程序，上交电子版程序。

4.3.6 实验思考题

（1）手动编程和自动编程的最大区别是什么？
（2）下刀方式有多种，如何正确选择下刀方式？
（3）铣刀种类繁多，选择刀具时应考虑哪些因素？
（4）编程坐标系需要与实际加工坐标系统一，如何正确设定编程坐标系？

4.4 实验 4 典型数控系统调试实验

4.4.1 实验目的

（1）熟悉数控系统操作界面常用功能和简单的参数设置操作。
（2）掌握"诊断"操作区诊断功能的使用并能设置口令。
（3）掌握坐标参数调试方法，使机床的坐标轴运动符合精度与速度要求。
（4）掌握数控程序在机械模拟加工中的方法。

4.4.2 实验原理与内容

数控综合实训实验台是集电气、机械、气压于一体的数控综合实验平台。电气实验模块提供了各种类型的电气控制元器件，将各个引脚引到实验板上，可供学生设计机床控制电路。电气模块包括电流电压表模块、空气开关（断路器）模块、中间继电器模块、变压器及开关电源模块、数控加工中心模块、伺服驱动单元、输入输出模块、数控系统单元，学生在充分理解电器原理图及数控系统基础后，可进行电路连接、系统参数设置及程序模拟等实验。实验台配备了机床机械部件，将机床的组成展现出来，配合电气模块控制机械部分做出各种动作，可充分验证数控系统是否调试成功。

4.4.3 实验仪器

数控综合实训实验台（西门子 802C 和 802D 数控系统），包括数控车床、加工中心的所有结构，并保留大量接口供测试用。

4.4.4 实验方法与步骤

4.4.4.1 西门子 802C 数控系统

1. 系统键盘和机床控制面板

西门子 802C 数控系统可分为若干个操作区域。用户通过加工操作区域键、程序操作区域键、参数操作区域键、程序管理操作区域键或报警/系统操作区域键，可以分别进入不同操作区域。

在加工操作区域中，机床控制面板操作按钮的功能是控制机床进行不同的加工操作。学生需要熟悉各按键的功能才能进行操作。

2. 系统界面主要按键功能

通过选择不同的按键，可以进入不同的系统界面完成不同的系统功能。本实验首先对系统界面主要按键进行了解，之后的实验内容逐步拓展主要按键的功能。

3. 系统诊断、调试

选择系统界面"诊断"，显示诊断状态界面，如图 4-26 所示。

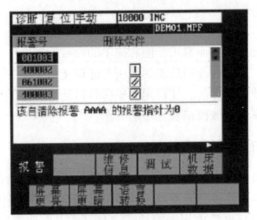

图 4-26 诊断状态界面

（1）报警。

按下"报警"按钮，窗口中将从高级别开始逐行显示所有报警情况，包括报警号、报警内容及删除条件。报警号按时间顺序显示，"删除条件"栏显示删除该报警所用的键，"报警内容"显示相应的报警文本。对于重新启动系统后仍不能解决的故障，可将报警号告诉生产厂家，以便解决。报警的解决方法为：□系统断电再通电，解除外部 CNC 硬件故障和严重的软件故障；⚡按"复位"键，可解决大部分故障；⊖按"报警"键，可解决因操作错误产生的故障；◈按"数控启动键"，可解决编程操作中的轻级故障。

（2）调试。

开机调试状态界面如图 4-27 所示，调试功能需要输入口令。在诊断界面选择"调试开关"，再选择"口令设定"，输入口令"EVENING"（机床制造商默认口令），按"确定"，接收所设定的口令。如果按"返回"，则没有确认直接返回开机调试主菜单。之后可进行系统调试。

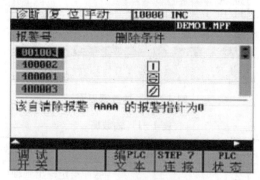

图 4-27 开机调试状态界面

4. 系统参数设置

（1）轴数据设定。西门子 802C 数控系统需要进行不同参数的设定，若没有特别说明，则系统需要设定，按"诊断"，选择"机床数据"，出现如图 4-28 所示界面，再按下"轴数据"，打开如图 4-29 所示轴数据界面。用"轴+""轴-"选择相应的坐标轴。按操作面板上的"光标向上"或"光标向下"键，将轴数据输入对应的数据框内。每输入一个轴数据，按黄色输入键。设定完一个坐标轴后，可按"搜索"，输入要查询的机床数据号，按"确定"，光标立即定位到所要查询的机床数据。依次输入表 4-1 中的轴数据，按黄色输入键，完成后按"调定"，选择"调试开关""NC"（选择正常上电启动），最后点击"确定"，系统将重新上电，数据生效。

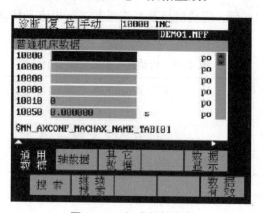

图 4-28 机床数据界面

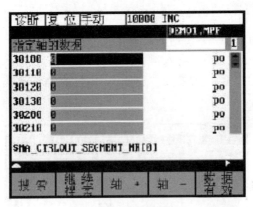

图 4-29 轴数据界面

表 4-1 轴数据

轴数据号	轴	输入值	数据定义
30130	X Y Z	2	脉冲给定输出到轴控接口
30240	X Y Z	3	编码器内部反馈
34200	X Y Z	2 或 4	X20 接近开关参考点零脉冲
34210	X Z	0 或 1	参考点状态：0 为不记忆参考点；1 为参考点，记忆功能生效

（2）伺服电机、传动系统参数设定。伺服电机参数设定值见表 4-2。

表 4-2 伺服电机参数设定值

轴数据号	轴	输入值	单位	数据定义
31020	X Y Z	1024	IPR	编码器每转脉冲数

伺服电机参数设定好后，需要对传动系统参数进行设定。传动系统参数设定值见表 4-3。

表 4-3 传动系统参数设定值

轴数据号	轴	输入值	单位	数据定义
31030	X Y Z	5	mm	丝杠螺距
31050	X Y Z	40	—	减速箱电机端齿数
31060	X Y Z	50	—	减速箱丝杠端齿数

传统系统参数设定好后，可设定各轴速度。对于步进电机，应根据其矩频特性曲线选择合适的速度：电机转数 $= \dfrac{\text{轴速度}}{\text{丝杠螺距} \times \text{减速比}}$。轴速度设定值见表 4-4。

表 4-4　轴速度设定值

轴数据号	轴	输入值	单位	数据定义
32000	X Y Z	4500	mm/min	最大轴速度 G00
32010	X Y Z	4500	mm/min	点动放式快速移动速度
32020	X Y Z	3000	mm/min	点动速度
32260	X Y Z	1200	r/min	电机额定转速
36200	X Y Z	5000	mm/min	坐标速度极限

（3）坐标动态特性调试。西门子 802C 数控系统的另一个独特功能是能对坐标动态特性进行优化。利用点动方式测试进给轴的动态特性，设定各坐标的最高速度，并选择合适的加速度曲线。坐标动态特性调试原理如图 4-30 所示。

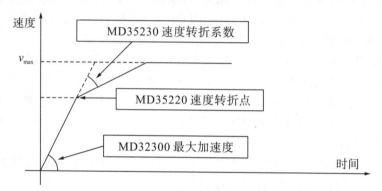

图 4-30　坐标动态特性调试原理

设定动态调试参数（X 轴、Z 轴）：最大加速度 MD32300 为 0.4，速度转折点 MD35220 为 0.3，速度转折系数 MD35230 为 0.4。

（4）调试参考点逻辑。西门子 802C 数控系统的许多功能都建立在参考点的基础上。自动方式和 MDI 方式只有在机床返回参考点后才能操作。方向间隙补偿和丝杠螺距误差补偿也只有在返回参考点后才生效。回参考点动作机构如图 4-33 所示。

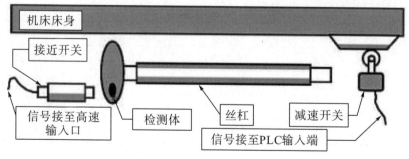

图 4-31　回参考点动作机构

坐标轴侧有减速开关，在丝杠端有一接近开关（丝杠每转产生 1 个脉冲）。减速开关接至 PLC 输入端，接近开关接至高速输入口（X20）。该方式可高速寻找减速开关，低速寻找接近开关。图 4-32 为有减速开关且接近开关在减速开关之前（MD34050＝0）时，系统回参考点过程。

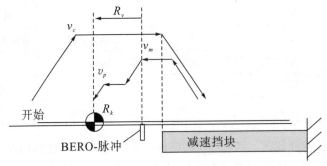

图 4-32 系统回参考点过程

图 4-34 中，v_c 为寻找减速挡块速度（MD34020），v_m 为寻找接近开关信号速度（MD34040），v_p 为参考点定位速度（MD34070），R_v 为参考点偏移（MD34080、MD34090），R_k 为参考点坐标（MD34100）。

（5）回零其余参数（X 轴、Z 轴）：MD34000＝1，减速开关有效；MD34020＝800，寻找减速开关速度；MD34060＝20，寻找接近开关的最大距离；MD34040＝300，寻找零脉冲速度；MD34070＝200，参考点定位速度；MD34010＝0，减速开关方向为正；MD34050＝0，接近开关方向为正。系统重新上电后，按"＋X"使 X 轴回参考点，按"＋Z"使 Z 轴回参考点。

（6）设定坐标轴的软限位值：MD36100＝－1，轴负向软限位值；MD36110＝200，轴正向软限位值。按"复位"，使设定参数有效。

5. 主轴数据调试

（1）主轴如果采用交流电机加变频器或伺服主轴控制，在加工螺纹或使用每转进给编程时，机床数据 MD30130 设定为 1，有±10 V DC 模拟量输出。

（2）如果主轴无编码器反馈，则机床数据 MD30200 设定为 0。

（3）加工螺纹时，若主轴安装了编码器，则机床数据 MD30240 设定为 2。

（4）其余主轴数据设定值见表 4-5。

表 4-5 其余主轴数据设定值

轴数据号	轴	举例值	单位	数据定义
31020	主轴	1024	IPR	编码器每转脉冲数
32260	主轴	3000	r/min	主轴额定转速
36200	主轴	3300	r/min	最大主轴监控速度
36300	主轴	55000	Hz	主轴监控频率

（5）系统重新上电，使设定参数有效。

6. 数据保护

将各项机床资料调试完毕后，必须关闭口令并进行资料存储。这样可在数控系统参数被破坏时，迅速恢复资料。按"诊断"，再按"调试"，最后按">"选择"关闭口令"。机床数据、设定数据、加工程序、丝杠螺距补偿数据等被储存于永久内存中，通过选择"调试开关"中"按存储数据上电启动"可恢复资料；也可通过 RS232 接口（利用 WINPCIN 通信软件）将系统资料备份到外部计算机，这是最可靠的数据保护措施。必要时，可通过计算机重新加载各项资料。

4.4.4.2　西门子 802D 数控系统

1. 系统键盘和机床控制面板

西门子 802D 数控系统可以分为若干操作区域。用户通过加工操作区域键、程序操作区域键、参数操作区域键、程序管理操作区域键或报警/系统操作区域键，可以分别进入不同操作区域。

在加工操作区域中，机床控制面板操作按钮的功能是控制机床进行不同的加工操作。学生需要熟悉各按键功能才能进行操作。

2. 系统界面主要按键功能

通过选择不同的按键，可以进入不同的系统界面完成不同的系统功能。本实验首先从总体上了解系统的主要按键，之后的实验内容逐步拓展主要按键的功能。

3. 系统参数调试操作

选择"系统操作区"，按"机床数据""轴数据"，打开如图 4-33 所示轴数据界面。设定方法与西门子 802C 数控系统类似。

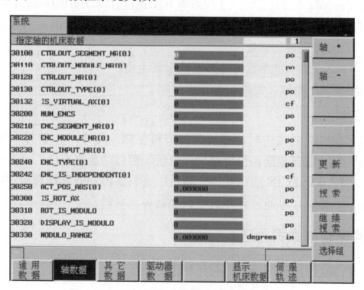

图 4-33　西门子 802D 数控系统轴数据界面

4. 系统参数设置设定

（1）传动系统参数设定

①设定下列参数：MD31020＝2048，编码器分辨率；MD31030＝10，丝杠螺距；

MD31050＝1，减速箱齿轮端齿数；MD31060＝1，减速箱丝杠端齿数。减速比为MD31050/MD31060＝1/1＝1。

②设定轴速度（X 轴）参数：MD32000＝1000，最大轴速度 G00；MD32010＝1000，点动方式快速移动速度；MD32020＝600，点动速度；MD36200＝2200，坐标轴监控速度的临界值，定义坐标轴实际监控速度的临界值，如果坐标轴实际速度超过这一临界值，系统将发出 25030 报警"实际速度报警极限"并停动。

③系统重新上电。按"调试"，选择"NC"（选择正常上电启动），按"确认"，设定的机床数据有效，可操作坐标轴予以验证。

（2）设定坐标轴的软限位值。

①设定下列参数：MD34100＝10，参考点设定位置值，回参考点后，该值作为坐标轴的实际坐标位置值；MD36110＝0，进给轴正向第一个软件限位开关，回参考点结束后，该机床数据起作用；MD36100＝－10，进给轴负向第一个软件限位开关，回参考点结束后，该机床数据起作用。

②按"复位"，使设定参数有效。

③回参考点。

④手动方式移动坐标轴，直至出现 010621 报警。

5．调试参考点

西门子 802D 数控系统回参考点原理与 802C 数控系统相同。

（1）设定回参考点参数（X 轴）：MD34000＝1，减速开关有效；MD34010＝0，减速开关方向为正；MD34020＝800，寻找减速开关速度；MD34040＝300，寻找零脉冲速度；MD34050＝0，接近开关方向为正；MD34060＝20，寻找接近开关的最大距离；MD34070＝200，参考点定位速度。

（2）按"复位"，使设定参数有效，系统重新上电。

（3）进行回参考点操作，观察回参考点过程。

6．数据保护

将各项机床资料调试完毕后，必须进行资料存储。这样可在数控系统参数被破坏时，迅速恢复资料。内部数据备份可通过"系统"窗口"数据存储"来实现；也可通过RS232 接口（利用 WINPCIN 通信软件）将系统资料备份到外部计算机，这是最可靠的数据保护措施。必要时，可通过计算机重新加载各项资料。

4.4.5 实验记录与数据处理

记录数控系统常用按键功能系统参数设定值和意义。

4.4.6 实验思考题

（1）西门子 802C 数控系统和 802D 数控系统的机械参数（X 轴、Y 轴、Z 轴）分别为多少？

（2）简述如何设置机床坐标轴的软限位值。

（3）如何实现机床的数据保护？

（4）机床数据的生效条件是什么？

（5）如何调试参考点？

4.5　实验 5　数控机床加工准备及实验

4.5.1　实验目的

（1）熟悉数控铣床（加工中心）的操作流程和各按键功能。

（2）掌握简单零件装夹找正操作方法，合理运用仪表工具进行工件找正操作。

（3）掌握机床坐标系的建立规则，准确判断机床各坐标轴及其正、负方向。

（4）掌握对刀方法和技巧，合理建立工件坐标系。

（5）学会运用 G54～G59 指令，存储及调用工件坐标系。

4.5.2　实验原理与内容

4.5.2.1　机床坐标系的确立

相关内容已在 4.2 "实验 2　手动数控编程及模拟实验" 中介绍。

4.5.2.2　工件的装夹

1. 平口钳装夹工件

平口钳装夹工件适用于中小尺寸和形状规则的工件安装。平口钳是一种通用夹具，一般有非旋转式和旋转式两种，前者刚性较好，后者底座上有一刻度盘，能够把平口钳转成任意角度。安装平口钳时，必须先将底面和工作台面擦干净，利用百分表校正钳口，使钳口与横向或纵向工作台平行，以保证铣削的加工精度。平口钳找正如图 4-34 所示。

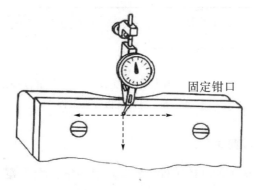

固定钳口

图 4-34　平口钳找正

数控铣床加工的零件多数为半成品，利用平口钳装夹的工件尺寸一般不超过钳口宽度，加工的部位不得与钳口发生干涉。平口钳安装好后，把工件放入钳口内，并在工件下垫上比工件窄、厚度适当且要求较高的等高垫块，然后把工件夹紧。为了使工件紧密地靠在垫块上，应用铜锤或木槌轻轻地敲击工件，直到手不能轻易推动等高垫块，再将工件夹紧在平口钳内。工件应当紧固在钳口较中间的位置，装夹高度以铣削尺寸高出钳口平面 3～5 mm 为宜，用平口钳装夹表面粗糙度较差的工件时，应在两钳口与工件表面间垫一层铜皮，以免损坏钳口，并增加接触面。图 4-35 为平口钳装夹工件示意图。

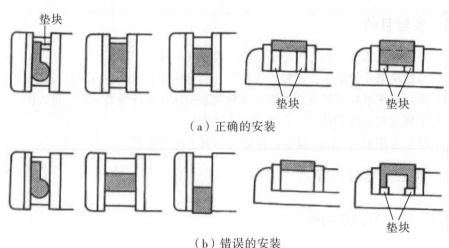

（a）正确的安装

（b）错误的安装

图 4-35　平口钳装夹工件示意图

2. 组合压板装夹工件

对于体积较大的工件，大多用组合压板装夹。根据图纸的加工要求，可将工件直接压在工作台面上，如图 4-36（a）所示，这种装夹方法不能进行贯通的挖槽或钻孔加工等；也可在工件下面垫上厚度适当且要求较高的等高垫块后再将其压紧，如图 4-38（b）所示，这种装夹方法可进行贯通的挖槽或钻孔加工。

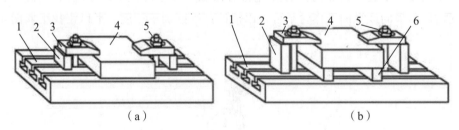

（a）　　　　　　　　　　　　（b）

1-工作台；2-支承块；3-压板；4-工件；5-双头螺柱；6-等高垫块

图 4-36　组合压板装夹工件

4.5.2.3　工件原点的确定

对于使用数控机床加工的具体工件，必须通过一定方法把工件原点（实际上是工件原点所在机床坐标系的坐标值）体现出来，这个过程称为对刀，主要有试切法对刀和工具对刀。试切法对刀是利用铣刀与工件相接触产生切屑或摩擦声来找到工件原点的机床坐标系的坐标值，它适用于工件表面要求不高的场合。对于模具或表面要求较高的工件，需采用工具对刀，通常选用偏心式寻边器或光电式寻边器进行 X 轴、Y 轴零点的确定，利用 Z 轴设定器进行 Z 轴零点的确定或刀具长度补偿的设置。Z 轴设定器上下表面的距离为 50 mm。在使用前，用精度很高的平面块压下圆柱台，使其与上表面等高，调整表盘使指针指在"0"位；使用时，把 Z 轴设定器放在工件的上表面，用刀具压下圆柱台，指针将旋转，当指针指在"0"位时，刀具到工件上表面的轴向距离为 50 mm。寻边器及 Z 轴设定器如图 4-37 所示。光电式寻边器比偏心式寻边器适用于更高精度的场合。

（a）偏心式寻边器　　　（b）光电式寻边器　　　（c）Z 轴设定器

图 4-37　寻边器及 Z 轴设定器

4.5.2.4　加工对刀及工件坐标系的建立

1. 工件坐标系 Z 轴零点的设定

工件坐标系 Z 轴零点一般设定在工件的上表面。通常要选择加工 Z 轴方向尺寸要求比较高的刀具作为基准刀具，具体操作如下：

（1）把 Z 轴设定器放置在工件水平表面上，主轴装入基准刀具，移动 X 轴、Y 轴，使刀具尽可能处在 Z 轴设定器中心上方。

（2）移动 Z 轴，用基准刀具（主轴禁止转动）压下 Z 轴设定器圆柱台，使指针指向调整好的"0"位，如图 4-38(a) 所示。

（3）把当前机床坐标减去 50 mm 后的值（-225.120）设置到工件坐标系 Z 轴零点的位置（G54~G59）。

也可直接用基准刀具进行操作。使基准刀具旋转，移动 Z 轴，使刀具接近工件上表面（应在工件将要被切除的部位），当刀具刀刃在工件表面切出一个圆圈 [图 4-38(b)]，或把黏在工件表面的薄纸片（浸有切削液）转飞，把当前机床坐标（-225.120）设置到工件坐标系 Z 轴零点的位置，使用薄纸片时，应把当前机床坐标减去 0.01~0.02 mm。

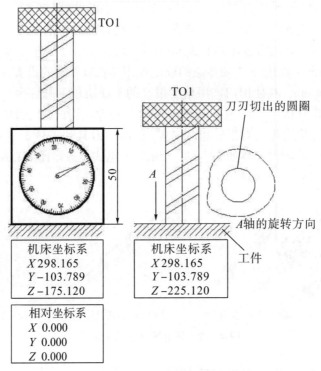

(a) Z轴设定器定位Z原点　　(b) 直接试切寻找Z原点

图 4-38　工件坐标系 Z0 的设定

2. 工件坐标系 X 轴、Y 轴零点的建立

(1) 试切法对刀。

①将工件通过夹具装在工作台上，装夹时，工件的四个侧面都应留出对刀的位置。

②启动主轴中速旋转，快速移动工作台和主轴，让刀具快速移动到靠近工件左侧具有一定安全距离的位置，然后降低速度移动至接近工件左侧。

③靠近工件时改用微调操作（一般用 0.01 mm 来靠近），让刀具慢慢接近工件左侧，使刀具恰好接触到工件左侧表面（听切削声音，看切痕、切屑，只要出现其中一种情况即表示刀具接触到工件），再回退 0.01 mm。记下此时机床坐标系中显示的 X 轴零点坐标值，如−240.500 等。

④沿 Z 轴正方向退刀至工件表面以上，用同样方法接近工件右侧，记下此时机床坐标系中显示的 X 轴零点坐标值，如−340.500 等。

据此，可得工件坐标系 X 轴零点坐标值为 $[-240.500 + (-340.500)] \div 2 = -290.500$。

同理，可测得工件坐标系 Y 轴零点坐标值。

(2) 寻边器对刀。

寻边器对刀的操作步骤与试切法对刀相似，只是将刀具换成寻边器或偏心棒。这是最常用的方法，效率高，能保证对刀精度。使用寻边器时必须小心，让其钢球部位与工件轻微接触。被加工工件必须是良导体，定位基准面要有较好的表面粗糙度。

4.5.2.5　工件坐标系的输入、输出

G54～G59 指令设定工件坐标系是通过找出工件原点与机床参考点的相对距离，将其作为零点偏置值输入系统，从而达到使工件在机床坐标系中有一个正确位置的目的。用 G54～G59 指令可以设定 6 个工件坐标系，采用 CRT/MDI 方式，指定从机械原点到工件原点的各轴向距离。利用 G54～G59 指令设定工件坐标系后，工件原点在机床坐标系中的位置不变，它与刀具的当前位置无关，除非再通过 CRT/MDI 方式更改。

将测得的 X 轴、Y 轴、Z 轴零点坐标值输入工件坐标系存储地址 G5*中（一般使用 G54～G59 存储对刀参数），即可在机床上建立工件坐标系。

4.5.2.6　在线测头工件坐标系自动找正

在线测头通过数控机床运行 G31 指令，触碰测头，触发机床跳跃信号，触发后的坐标位置被存储在机床宏变量的♯5063（探测触发后 Z 轴零点坐标值）、♯5062（探测触发后 Y 轴零点坐标值）、♯5061（探测触发后 X 轴零点坐标值）中，利用宏程序进行运算并存储机床及工件的数据，从而自动完成机床数据的变化和工件数据的测量等工作。测头具体应用见 8.3。

4.5.3　实验仪器

数控铣床（加工中心）、平口钳、组合压板、Z 轴定位器、杠杆表、在线测头、寻边器。

4.5.4　实验方法与步骤

（1）清理机床台面、夹具。

（2）正常启动机床，让机床预热几分钟，再进行机床回零操作。

（3）明确机床坐标系 X 轴、Y 轴、Z 轴的分布及正、负方向。

（4）将平口钳安装在机床工作台上，用螺钉压板轻微压紧。

（5）利用杠杆百分表和磁性表座，在机床手轮模式下，移动工作台，找正平口钳（X 轴、Y 轴、Z 轴都必须找正），之后加力压紧平口钳。

（6）将要加工工件毛坯安放在平口钳内，并利用平口钳夹紧。

（7）运用试切法对刀或工具对刀操作步骤建立工件坐标系，并将得到的坐标值保存到 G54～G59 任意一个指令中。

（8）导入验证好的数控加工程序，进行数控加工。

4.5.5　实验记录与数据处理

记录实验数据，填写下列表格。

试切法对刀		工具对刀		误差值
工件坐标系 G54~G59 （ ）		工件坐标系 G54~G59 （ ）		
X 偏移值		X 偏移值		
Y 偏移值		Y 偏移值		
Z 偏移值		Z 偏移值		

4.5.6　实验思考题

（1）简述机床坐标系的建立规则，以及如何判断数控机床各坐标轴及正、负方向（直线轴）。

（2）简述利用平口钳找正及装夹工件的方法和注意事项。

（3）简述建立工件坐标系的意义及试切法对刀的操作步骤。

（4）编写在线测头工件坐标系自动找正的程序，并进行注释说明。

第 5 章　机械制造技术实验

机械原理、机械设计工作需最终落实在机械制造上。机械制造技术实验包括车刀几何角度测量，铣削加工切削力、切削热测量，齿轮加工、数控电加工和 3D 打印加工，可使同学们了解刀具角度、影响切削加工精度和刀具磨损的要素，以及特殊零件加工和特殊加工方式，拓宽视野，为学习机械加工工艺打下基础。

5.1　实验 1　车刀几何角度测量实验

5.1.1　实验目的

（1）熟悉车刀切削部分的构成要素，掌握车刀标注角度的参考平面、参考系及车刀标注角度的定义。

（2）了解车刀量角台的结构，学会使用量角台测量车刀标注角度。

（3）绘制车刀几何角度图，并标注出测量得到的各角度数值。

5.1.2　实验原理与内容

车刀几何角度可以用车刀量角台进行测量。测量的基本原理是：按照车刀标注角度的定义，在刀刃选定点上将量角台的指针平面（或侧面、底面）与构成被测角度的面或线紧密贴合（或平行、垂直），从而测量出角度。

图 5-1 为回转工作台式量角台结构，底盘为圆盘形，在零度线左、右方向各有 100°的角度，用于测量车刀的主偏角和副偏角，通过工作台指针读出角度值。工作台可绕底盘中心在零刻线左、右 100°范围内转动。定位块可在工作台上平行滑动，作为车刀的基准。测量片如图 5-2 所示，由主平面（大平面）、底平面、侧平面三个成正交的平面组成，在测量过程中，根据不同情况可分别用来代表剖面、基面、切削平面等。大扇形刻度盘上有−45°～45°的刻度，用于测量前角、后角、刃倾角，通过测量片的指针指出角度值。立柱上制有螺纹，旋转升降螺母可调整测量片相对车刀的位置。

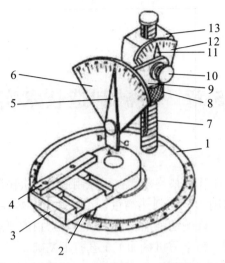

1—底盘；2—工作台指针；3—工作台；4—定位块；5—测量片；6—大扇形刻度盘；7—立柱；
8—升降螺母；9—弯板；10—旋钮；11—小指针；12—小扇形刻度盘；13—滑体

图 5−1　回转工作台式量角台结构

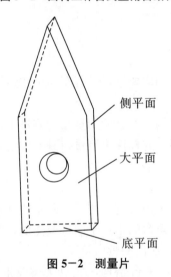

图 5−2　测量片

5.1.3　实验仪器

车刀量角台、各种车刀。

5.1.4　实验方法与步骤

5.1.4.1　校准车刀量角台的原始位置

用车刀量角台测量车刀标注角度之前，必须先把车刀量角台的大指针、小指针和工作台指针全部调整到零位，这样就可以认为测量片主平面垂直于工作台平面且垂直于工作台对称线，底平面平行于工作台平面，侧平面垂直于工作台平面且平行于工作面对称线。同时将车刀侧面紧靠在定位块的侧面上，使车刀能和定位块一起在工作台平面上平行移动，并且可使车刀在定位块的侧面上滑动，这样就形成了一个平面坐标，可以使车刀置于一个比较理想的位置。这种状态下的车刀量角台位置为测量车刀标注角度的原始位置。

5.1.4.2　测量车刀的主（副）偏角

定义：主（副）刀刃在基面与走刀方向的夹角。

确定走刀方向：由于规定走刀方向与刀具轴线垂直，在量角台上垂直于零度线，故可以把主平面上平行于工作台平面的直线作为走刀方向，其与主（副）刀刃在基面的投影有一夹角，则为主（副）偏角。

测量方法：顺（逆）时针旋转工作台，使主刀刃与主平面贴合。主（副）刀刃在基面的投影与走刀方向重合，工作台在底盘上旋转的角度即工作台指针在底盘刻度盘上所指的刻度值，为主偏角 κ_r、副偏角 κ_r' 的角度值，如图 5-3 所示。

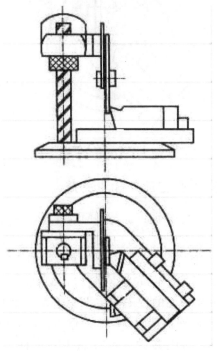

图 5-3　测量车刀的主（副）偏角

5.1.4.3　测量车刀的刃倾角

定义：主刀刃和基面的夹角。

确定主切削平面：主切削平面是过主刀刃与主加工面相切的平面，在测量车刀的主偏角时，主刀刃与主平面重合，使主平面可以近似地看作主切削平面（只有当刃倾角为 0 时，与主加工表面相切的平面才包含主刀刃），当测量片指针指零时，底平面可作为基面，这样就形成了在主切削平面内基面与主刀刃的夹角，即刃倾角（λ_s）。

测量方法：旋转测量片，即旋转底平面（基面）使其与主刀刃重合。如图5－4所示，测量片指针所指刻度值为刃倾角。

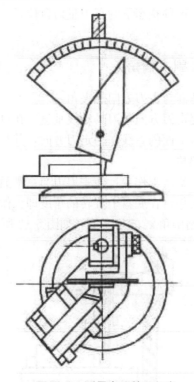

图5－4　测量车刀的刃倾角

5.1.4.4　测量车刀正交平面主前角和主后角

定义：主前角是指在正交平面前刀面与基面的夹角，主后角是指在正交平面后刀面与主切削平面的夹角。

确定正交平面：正交平面是过主刀刃一点垂直于主刀刃在基面的投影。在测量主偏角时，主刀刃在基面的投影与主平面重合（平行），如果使主刀刃在基面的投影相对于主平面旋转90°，则主刀刃在基面的投影与主平面垂直，即可把主平面看作正交平面。当测量片指针指零时，底平面作为基面，侧平面作为主切削平面，这样就形成了在正交平面内基面与前刀面的夹角，即主前角（γ_o）；主切削平面与后刀面的夹角，即主后角（α_o）。

测量方法：使底平面旋转与前刀面重合，测量片指针所指刻度值为主前角，如图5－5所示；使侧平面（即主切削平面）旋转与后刀面重合，测量片指针所指刻度值为主后角，如图5－6所示。

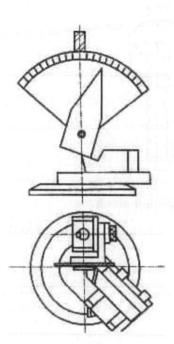 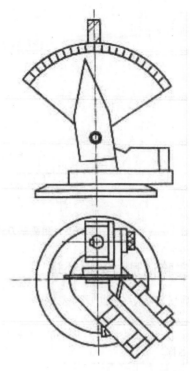

图 5－5　测量车刀正交平面主前角　　　**图 5－6　测量车刀正交平面主后角**

5.1.4.5　测量副后角

副后角的测量方法与主后角相似，不同的是需把主平面作为副剖面。

5.1.4.6　测量车刀法平面前角和法平面后角

测量车刀法平面前角 γ_n 和法平面后角 α_n，必须在测量完主偏角 κ_r 和刃倾角 λ_s 之后才能进行。

将滑体（连同小扇形刻度盘和小指针）和弯板（连同大扇形刻度盘和大指针）上升到适当位置，使弯板转动一个刃倾角 λ_s，λ_s 的数值由固连于弯板上的小指针在小刻度盘上指示出来（逆时针方向转动为 $+\lambda_s$，顺时针方向转动为 $-\lambda_s$），如图 5－7 所示，再按测量车刀正交平面主前角 γ_o 和主后角 α_o 的方法便可测量出车刀法平面前角 γ_n 和法平面后角 α_n。

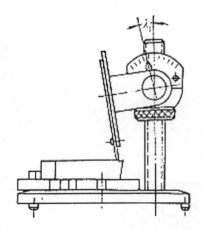

图 5-7 测量车刀法平面前角和法平面后角

5.1.5 实验记录与数据处理

记录测量数据，完成下列表格。

车刀编号	车刀名称	主前角 γ_o	主后角 α_o	主偏角 κ_r	副偏角 κ_r'	刃倾角 λ_s	副后角 α_o'	法平面前角 γ_n	法平面后角 α_n
1	45°弯头车刀								
2	可转位车刀								
3	车槽刀								

5.1.6 实验思考题

（1）用车刀量角台测量车刀正交平面主前角 γ_o 和主后角 α_o 时，为什么要让工作台从原始位置起，逆时针方向旋转 $\Psi_r = 90° - \kappa_r$ 的角度？

（2）参照测量车刀正交平面主前角 γ_o 和主后角 α_o 的方法，怎样利用车刀量角台测量车刀副刀刃上的副前角 γ_o' 和副后角 α_o'？为什么车刀工作图上不标注副前角 γ_o'？

（3）怎样利用车刀量角台测量出车刀假定工作平面、背平面参考系的前角 γ_f、γ_p 和后角 α_f、α_p？标注出 γ_f、γ_p、α_f、α_p 有什么用处。

（4）切断车刀有几条刀刃？哪条是主刀刃？哪条是副刀刃？应如何利用车刀量角台测量切断车刀的主偏角 κ_r 和副偏角 κ_r'？

（5）45°弯头车刀在车外圆和车端面时，其主、副刀刃和主、副偏角是否发生变化？为什么？

5.2　实验 2　铣削加工切削力测量和经验公式的建立实验

5.2.1　实验目的

（1）了解多分量切削力测力系统的基本结构和工作原理。

（2）掌握 KISTLER 多分量切削力测力系统的基本操作方法。

（3）通过实验得出的数据，分析切削三要素对切削力的影响，得出实验结论。

5.2.2　实验原理与内容

切削力是机械切削加工中的一个关键因素，直接影响机床、夹具等工艺装备的工作状态（功率、变形、振动等），以及工件的加工精度、生产效率和生产成本等。切削力的来源有两个方面：一是切削层金属、切屑和工件表层金属的弹塑性变形所产生的抗力，二是刀具与切屑、工件表面间的摩擦阻力。影响切削力的因素有很多，如工件材料、切削用量、刀具几何参数、刀具磨损状况、切削液的种类和性能、刀具材料等。

本实验采用 KISTLER 多分量测力仪检测铣削过程中切削三要素对切削力的影响，从而得到切削力的经验公式。KISTLER 多分量测力仪由三个部分组成，如图 5－8 所示。切削力传感器型号为 9257B，内置压电晶体，压电晶体在外力作用下，产生电荷，电荷信号通过电缆传输给电荷放大器 5070A，电荷放大器将电荷信号转换成 0～10 V 电压信号，电压信号通过电缆传输给数据采集卡（或数据采集系统，如 5697A1），对信号进行采集、显示、分析并保存等。

（a）切削力传感器　　　（b）电荷放大器　　　（c）数据采集卡

图 5－8　KISTLER 多分量测力仪的构成

利用正交实验得到切削力的经验公式方法如下：

（1）在机床特征和刀具几何参数确定的前提下，根据金属切削原理，影响切削力的三个主要因素是主轴转速 n、切削深度 a_p、进给量 f_x。采用标准正交表 $L_{16}(4^3)$（3 因素 4 水平）设计实验，正交实验因素水平表见表 5－1。

表 5-1　正交实验因素水平表

因素	水平			
	1	2	3	4
主轴转速 n（r/min）	2000	3000	4000	5000
切削深度 a_p（mm）	0.1	0.2	0.3	0.4
进给量 f_x（mm/min）	25	50	100	200

由于测力仪采集到的三个方向的切削力均为平均切削力，切削合力为各个方向切削力均值的合力，计算公式为

$$F = \sqrt{F_X^2 + F_Y^2 + F_Z^2}$$

（2）根据正交实验因素水平表及正交试验方法，可到实验方案表，见表 5-2。

表 5-2　实验方案表

序号	主轴转速 n(r/min)	切削深度 a_p(mm)	进给量 f_x(mm/min)	切削力（举例值）(N)
1	2000	0.1	25	3.12
2	2000	0.2	50	20.07
3	2000	0.3	100	22.21
4	2000	0.4	200	21.06
5	3000	0.1	50	12.14
6	3000	0.2	25	17.36
7	3000	0.3	200	33.21
8	3000	0.4	100	19.85
9	4000	0.1	100	1.62
10	4000	0.2	200	3.17
11	4000	0.3	25	5.35
12	4000	0.4	50	12.54
13	5000	0.1	200	14.98
14	5000	0.2	100	6.11
15	5000	0.3	50	5.96
16	5000	0.4	25	6.35

（3）极差分析。参加实验的因素取了几个水平，每一水平参加了几次实验，就会导致几个结果，把这些结果相加，就可求出每个因素的各个水平中相同的水平结果之和。本实验中，主轴转速设计有 4 个水平，每个水平又进行了 4 次实验，得到 4 个结果，把每个水平的 4 个结果相加，就得出各个水平分别导致的结果之和，即 $K_1^n = 3.12 +$

20.07+22.21+21.06=66.46（n 表示在某一个水平下做 $3n$ 次实验，这里 $n=4$），则为主轴转速为 2000r/min 时的切削力之和。依次进行计算，然后将切削力结果分别写入表 5-3 的相应位置。

表 5-3　切削力结果分析表

序号	切削力结果（N）		
	主轴转速	切削深度	进给量
K_1^n	66.46	31.86	32.18
K_2^n	82.56	46.71	50.71
K_3^n	22.68	66.73	49.79
K_4^n	33.40	59.80	72.42
极差 K	59.88	34.87	40.24

极差是指一组数据中最大值和最小值之差，它是用来划分因素重要程度的依据。极差越大，说明该因素水平所引起实验结果的变化最大，根据极差大小，可以排列因素的主次顺序。

（4）经计算，主轴转速、切削深度、进给量对切削力的影响程度依次为主轴转速、进给量、切削深度。

（5）在机床特征和刀具几何参数确定的前提下，根据切削原理，影响切削力的三个主要因素与切削力的关系可表示为

$$F = C_F a_p^{b_1} f_x^{b_2} n^{b_3}$$

式中，C_F 为关于被加工材料和切削条件的系数，可查表。

两边取对数，得

$$\log F = \log C_F + b_1 \log a_p + b_2 \log f_x + b_3 \log n$$

令 $y = \log F$，$b_0 = \log C_F$，$x_1 = \log a_p$，$x_2 = \log f_x$，$x_3 = \log n$，则方程式变为

$$y = b_0 + b_1 x_1 + b_2 x_2 + b_3 x_3$$

曲线拟合的问题转化为根据实验数据确定多项式系数 b_0、b_1、b_2、b_3 的问题，下面采用最小二乘法确定回归系数。此问题属于多元线性回归问题，其数据格式见表 5-4。

表 5-4　多元线性回归例表

序号	$x_1 = \log n$	$x_2 = \log a_p$	$x_3 = \log f_x$	$y = \log F$
1	$x_{11} = \log 2000$	$x_{12} = \log 0.1$	$x_{13} = \log 25$	$y_1 = \log 3.12$
2	$x_{21} = \log 2000$	$x_{22} = \log 0.2$	$x_{23} = \log 50$	$y_2 = \log 20.07$
3	$x_{31} = \log 2000$	$x_{32} = \log 0.3$	$x_{33} = \log 100$	$y_3 = \log 22.21$
4~16	—	—	—	—

（6）由于切削力 y 与自变量 x_1、x_2、x_3 存在线性关系，要使曲线拟合误差最小，那么 $q = \sum \left[y_i - (b_0 + b_1 x_1 + b_2 x_2 + b_3 x_3) \right]^2$ 达到最小。分别对 b_0、b_1、b_2、b_3 求偏

导数并令其等于 0，经过化解得

$$\begin{cases} l_{11}b_1 + l_{12}b_2 + \cdots + l_{1m}b_m = l_{1Y} \\ l_{21}b_1 + l_{22}b_2 + \cdots + l_{2m}b_m = l_{2Y} \\ \vdots \\ l_{m1}b_1 + l_{m2}b_2 + \cdots + l_{mm}b_m = l_{mY} \end{cases}$$

$$b_0 = \overline{Y} - (b_1\overline{X}_1 + b_2\overline{X}_2 + \cdots + b_m\overline{X}_m)$$

$$l_{ij} = \sum X_i X_j - \frac{\sum X_i \sum X_j}{n} \quad i,j = 1,2,\cdots,m$$

$$l_{jY} = \sum X_j Y - \frac{\sum X_i \sum Y}{n} \quad j = 1,2,\cdots,m$$

通过计算，可求出 b_0、b_1、b_2、b_3。

5.2.3　实验仪器

KISTLER 多分量切削力测力系统（1 套）、加工中心、尺寸 150 mm×130 mm× 50 mm T6 铝块、ϕ10 立铣刀。

5.2.4　实验方法与步骤

（1）确定并记录被加工件、刀具和数控机床类型、工艺参数等信息。工艺参数按照正交实验要求自行设定，经教师确认后方可实验。

（2）在加工中心编写数控加工程序，加工中心数控系统为 FANUC 0i MD，应按照其编码规定编制数控加工程序。

（3）安装刀具，对数控机床进行操作（对刀、校验加工程序等），将加工件与切削力传感器（KISTLER 9257B）安装连接，按照规范将数据采集卡连接到计算机。（注意：为防止烧损电子元器件，请在连接前关闭电脑电源，待确定连接无误后才能打开电脑）

（4）打开操作软件 DynoWare（图 5-9），设定与之匹配的参数。

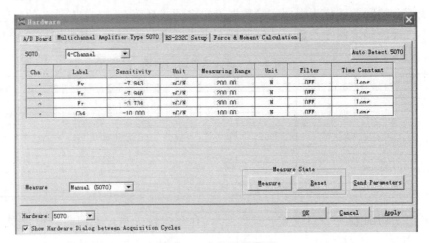

图 5-9　参数设置界面

（5）设置采样时间和采样频率，如图 5-10 所示。

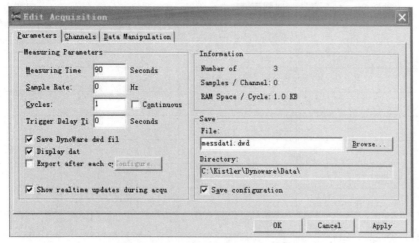

图 5-10　设置采样时间和采样频率

（6）用自动运行模式完成被加工件的数控加工。

（7）记录上述操作及实时在线测量三个方向（X、Y、Z）的力，绘出相应测试曲线，在教师的指导下进行处理，得到三个方向的平均切削力，并填入表格。

（8）重新改变工艺参数，修改数控加工程序，重新对待加工件进行数控加工。

（9）记录上述操作及实时在线测量三个方向（X、Y、Z）的力，进行相应处理，并将得到的平均切削力填入表格。

（10）进行数据分析、记录。

5.2.5　实验记录与数据处理

记录实验数据，填写下列表格。

铣削加工正交实验因素水平表

因素	水平			
	1	2	3	4
主轴转速 n（r/min）				
切削深度 a_p（mm）				
进给量 f_x（mm/min）				

切削力结果

序号	主轴转速 n（r/min）	切削深度 a_p（mm）	进给量 f_x（mm/min）	切削力（N）
1				
2				
3				

序号	主轴转速 n（r/min）	切削深度 a_p（mm）	进给量 f_x（mm/min）	切削力（N）
4				
5				
6				
7				
8				
9				
10				
11				
12				
13				
14				
15				
16				

切削力结果分析表

序号	切削力结果（N）		
	主轴转速	切削深度	进给量
K_1^n			
K_2^n			
K_3^n			
K_4^n			
极差 ΔK			

5.2.6　实验思考题

（1）通过极差分析判断主轴转速、切削深度、进给量对切削力的影响程度。

（2）请根据多元回归方法，得出切削力的经验公式，要求有详细的计算过程。

（3）除了主轴转速（切削速度）、切削深度、进给量，思考一下还有哪些因素会影响切削力的大小。

（4）切削力的大小对机械加工质量和刀具磨损有什么影响？如何合理选择切削三要素？

5.3　实验 3　铣削加工切削热测量实验

5.3.1　实验目的

（1）了解红外热像仪的基本结构和工作原理。

（2）掌握红外热像仪的基本操作方法，掌握非接触切削热测量方法。

（3）通过实验得出的数据，分析切削三要素对刀具切削温度的影响，得出实验结论。

5.3.2　实验原理与内容

红外线是一种电磁波，本质与无线电波和可见光一样。利用某种特殊的电子装置将物体表面的温度分布转换成人眼可见的图像，并以不同颜色显示物体表面温度分布的技术，称为红外热成像技术，这种电子装置称为红外热像仪。红外成像原理如图 5-11 所示。

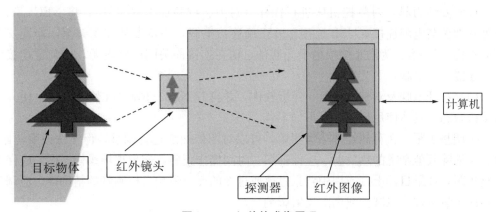

图 5-11　红外热成像原理

这种红外热像图与物体表面的热分布场对应，实际上，被测目标物体各部分红外辐射的热像图由于信号非常弱，与可见光图像相比缺少层次和立体感，因此在实际操作过程中，为更有效地判断被测目标的红外热分布场，常采用一些辅助措施来增加仪器的实用功能，如图像亮度和对比度的控制、实标校正、伪色彩描绘等。具备测温功能的红外热像仪能够有效引导预防性维护专家对电气或机械设备的运转情况进行准确判断。

切削金属时，切屑剪切变形所做的功和刀具前、后摩擦所做的功都转变为热，称为切削热。使用切削液时，刀具、工件和切屑上的切削热主要由切削液带走。不使用切削液时，切削热主要由切屑、工件和刀具带走或传出，其中切屑带走的热量最大。传向刀具的热量虽小，但前、后温度却影响着切削过程和刀具磨损情况，所以了解切削温度的变化规律十分有必要。本实验将采用不同的切削用量来考察切削温度的变化规律，以确定合理的切削用量。

5.3.3 实验仪器

NEC-R300 红外热像仪系统（1 套）、卧式加工中心 TH6350、ϕ15 立铣刀、尺寸 150 mm×130 mm×50mm T6 铝块。

NEC-R300 装有日本最新技术的探测器，实现了同级别中的高性能，如温度分辨率（NETD）为 0.05℃（在 30℃），精度为 ±1℃，空间分辨率（IFOV）为 1.2 mrad。除此之外，NEC-R300 可扩展到高温测量范围，还可选配多种镜头（2 倍长焦镜头、0.5 倍广角镜头、特写镜头等），以满足不同条件下的测试要求。

另外，NEC-R300 配备了 NS9500PRO 分析软件，可满足实时记录、数据分析、创建报告等多种需求。整个过程操作简单，通过 USB 接口即可同步传输可见光图像和热像图到电脑上，并进行融合图像显示。

5.3.4 实验方法与步骤

（1）确定并记录被加工件、刀具和数控机床类型、工艺参数等信息。

（2）在卧式加工中心 TH6350 上编写数控加工程序，该卧式加工中心数控系统为 FANUC 0i MD，应按照其编码规定编制数控加工程序。

（3）安装刀具，对数控机床进行操作（对刀、校验加工程序等），将 NEC-R300 红外热像仪与电脑连接（USB 连接）并正确连接电源，固定安装在支架上，保证仪器牢固平稳。（注意：为防止烧损电子元器件，请在连接前关闭电脑电源，待确定连接无误后才能打开电脑）

（4）打开电脑及 NS9500PRO 分析软件，并打开 NEC-R300 红外热像仪，使其进入待机状态。具体使用步骤和要求如下：

①调整焦距。在存储红外热像图后，可以对图像曲线进行调整，但无法改变焦距，也无法消除其他杂乱的热反射。应保证第一时间操作正确，避免现场操作失误。应仔细调整焦距，如果目标上方或周围背景过热或过冷的反射影响目标测量的精确性，应调整焦距或测量方位，以减少或消除反射影响。

②选择正确的测温范围。为了得到正确的温度读数，务必设置正确的测温范围。观察目标时，要对仪器的温度跨度进行微调，从而得到最佳图像质量。仪器的温度跨度也会影响温度曲线的质量和测温精度。

③明确最大测量距离。测量目标温度时，务必了解能够得到精确测温读数的最大测量距离。对于非制冷微热量型焦平面探测器，要想准确地分辨目标，通过红外热像仪光学系统的目标图像必须占 9 个像素或更多。如果仪器距离目标过远，目标则会很小，测温结果无法正确反映目标物体的真实温度，红外热像仪此时测量的温度是目标物体与周围环境的平均温度。为了得到最精确的测量读数，应使目标物体尽量充满仪器的视场，显示足够的景物。测量距离不应小于红外热像仪光学系统的最小焦距，否则不能聚焦成清晰的图像。

④明确测量要求。明确仅要求生成清晰的红外热像图，还是同时要求精确测温。一条量化的温度曲线可反映现场的温度情况和显著的温升情况。如果需要测量温度，并要

求对目标温度进行比较和趋势分析，则要记录所有影响精确测温的目标和环境的温度情况，如发射率、环境温度、风速、风向、湿度、热反射源等。NEC－R300 红外热像仪可以在机器和 NS9500PRO 分析软件中修改环境参数。

⑤工作背景要求单一。在户外工作时，务必考虑太阳反射和吸收对图像和测温的影响。注意有些型号的红外热像仪只能在晚上工作，以避免太阳反射的影响。

⑥测量过程中要保证仪器平稳。目前所有长波 NEC 红外热像仪都可以达到 60 Hz 的帧频速率，因此在测量过程中，仪器移动可能会导致图像模糊。为了达到最好效果，当冻结和记录图像时，应保证仪器平稳；当按存储按钮时，应保证轻缓、平滑。建议将仪器放置在物体表面或使用三脚架，保证仪器平稳。

（5）运行数控机床，按照以上步骤调整红外热像仪进入实验测试状态，按要求修改数控加工程序中的切削用量参数，利用 NS9500PRO 分析软件进行实验数据的采集和记录。

（6）根据以上步骤得出实验数据，总结实验要点，填写实验报告。

5.3.5　实验记录与数据处理

（1）记录实验数据，填写下列表格。

主轴转速（r/min）	切削深度（mm）	进给量（mm/min）	切削温度（℃）

（2）根据实验结果，绘制切削温度随主轴转速、切削深度、进给量变化的趋势图。

5.3.6　实验思考题

（1）切削温度是怎样产生的？

（2）切削温度随切削三要素如何变化？

（3）切削热对零件加工精度有什么影响？实际加工中如何减小切削热的影响？

5.4　实验4　齿轮加工机床调整和齿轮加工实验

5.4.1　实验目的

（1）了解滚齿机的传动系统和工作原理。

（2）了解滚齿机的性能和结构，掌握滚齿加工原理。

（3）通过加工直齿圆柱齿轮或斜齿圆柱齿轮，熟悉滚齿机的挂轮计算和调整方法，掌握齿轮加工参数的意义。

5.4.2　实验原理与内容

5.4.2.1　滚切直齿圆柱齿轮

从机床运动规律可知，用滚刀加工直齿圆柱齿轮，机床必须具有以下两个成形运动：一是形成渐开线（母线）所需的展成运动，这是一个复合运动，它由工件的旋转和刀具的旋转合成；二是形成导线所需的滚刀沿工件轴向移动。要完成这两个成形运动，机床必须具有三条运动传动链，如图5-12所示。

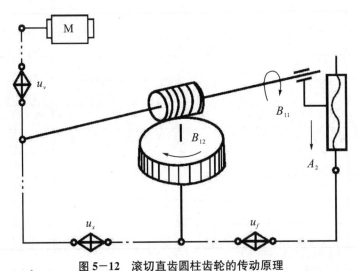

图5-12　滚切直齿圆柱齿轮的传动原理

5.4.2.2　滚切斜齿圆柱齿轮

滚切斜齿圆柱齿轮与滚切直齿圆柱齿轮一样，端面均为渐开线，不同的是滚切斜齿圆柱齿轮的齿宽方向不是直线而是一条螺旋线，如图 5-13 所示。因此，从成形运动的角度来看，加工斜齿圆柱齿轮需要两个成形运动：一是形成渐开线（母线）的展成运动，它由刀具的旋转和工件的旋转两个部分合成；二是形成螺旋线（导线）的成形运动，这与加工螺纹形成螺旋线的运动有相同之处，即一个复合运动，由工件的旋转和刀具沿工件轴向移动复合而成，当工件旋转一圈时，刀具应沿工件轴向移动一个导轮的距离。直齿和斜齿圆柱齿轮的区别在于导线的不同。与滚切直齿圆柱齿轮的传动原理图相比，滚切斜齿圆柱齿轮的传动系统多了一条传动链（附加运动传动链）和一个运动合成机构。当刀架和工件之间传动联系保证刀架直线移动一个导程时，通过运动合成机构使工件得到的附加转动为一圈。这条传动链与车床上形成螺旋线的进给传动链的性质一样，属于内联系传动链。除此之外，滚切斜齿圆柱齿轮的传动联系和实现传动联系的各条传动链都与滚切直齿圆柱齿轮相同。因此，若要完成以上两个成形运动，机床必须具有四条运动传动链。

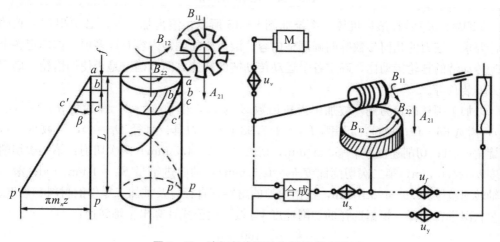

图 5-13　滚切斜齿圆柱齿轮的传动原理

滚刀的刀齿是沿螺旋线分布的，加工圆柱齿轮时，为了使滚刀刀齿的齿向与工件齿向方向一致，应根据工件的螺旋升角来确定滚刀的安装角，如图 5-14 所示。

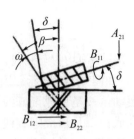
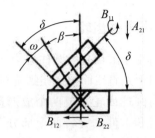

（a）左旋滚刀加工右旋齿轮　　　（b）左旋滚刀加工左旋齿轮

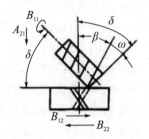
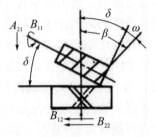

（c）右旋滚刀加工左旋齿轮　　　（d）左旋滚刀加工左旋齿轮

图 5-14　滚刀的安装角

YKB3120M 数控滚齿机传动系统如图 5-15 所示。滚齿加工前，必须根据齿轮的设计要求、滚刀的几何参数等明确调整内容。滚齿机的调整内容有许多项，如确定各个运动传动链的挂轮传动比，确定各个运动传动链的转速方向，确定是否使用惰轮，确定滚刀安装角等。

以加工圆柱齿轮为例，被加工齿轮齿数 Z 为 65，模数 $M=2$，螺旋角 $\beta=25°$（右旋），齿宽 66 mm；材料：45 钢，$D_{外}=147.93$ mm；刀具：直径 $D_e=80$，头数 $K=1$，螺旋角 $r_o=1$；切削速度 $V_{切}=50$ m/min，切齿全深 $h=4.5$ mm（两次切削：第一次切削深度 $h_1=4.0$ mm，第二次切削深度 $h_2=0.5$ mm），轴向进给量 $S_⊥=1$ mm/rad；滚刀主轴转速范围为 79～498 r/min，根据滚刀的材料、直径以及被加工零件的材料、硬度、工艺状况进行选择。根据选择的切削速度 $V_{切}$ 按下列公式计算出主轴转速：

$$n_刀 = \frac{1000V_切}{\pi D_刀}$$

式中，$V_切$ 为合理的滚切速度（m/min）；$D_刀$ 为滚刀直径（外径，mm）。

根据给定的工件及滚刀数据进行传动链的置换计算，得出主轴转速为 199 r/min。根据计算得到的主轴转速，在表 5-5 中选取主轴转速为 200 r/min，由表可知，此时挂轮 A、B 传动比确定为 $\frac{35}{45}$。

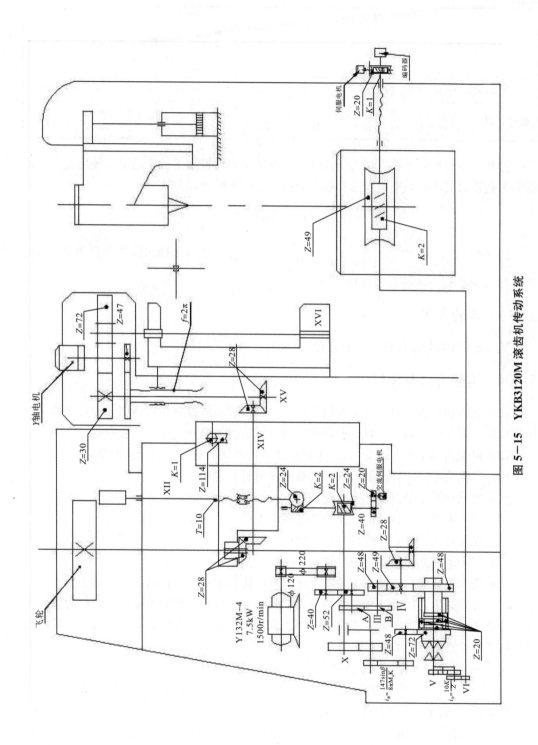

图 5-15　YKB3120M 滚齿机传动系统

表 5-5 挂轮传动比

主轴变速调整	A　　B						
主轴转速 n(r/min)	130	160	200	250	330	400	500
挂轮传动比 $\left(\dfrac{A\ 轮齿数}{B\ 轮齿数}\right)$	$\dfrac{27}{53}$	$\dfrac{31}{49}$	$\dfrac{35}{45}$	$\dfrac{40}{40}$	$\dfrac{45}{35}$	$\dfrac{49}{31}$	$\dfrac{53}{27}$

另外，还需要确定滚齿机的分齿挂轮，保证滚刀与被加工齿轮的定比转速关系，依据分齿挂轮的配比关系来确定选择各个分齿挂轮的齿数比，公式为

$$i_分 = \frac{10K}{Z}$$

当 $Z=65$、$K=1$ 时，$i_分 = \dfrac{a \cdot c}{b \cdot d} = \dfrac{10}{65} = \dfrac{20}{50} \times \dfrac{25}{65}$，则可选择出齿数分别为 20、50、25、65 四种齿轮，进行分齿挂轮。

5.4.3　实验仪器

YK3120M 数控滚齿机（全套挂轮）、滚刀、待加工齿轮毛坯。

5.4.4　实验方法与步骤

（1）滚齿加工前，根据齿轮的设计要求、滚刀的几何参数和切削用量确定滚齿机的调整内容。滚齿机的调整内容有很多项，机床传动链的调整是主要调整内容。

（2）根据传动系统（图 5-15）了解机床各传动链的组成、结构及调整方法。

（3）根据给定的工件及滚刀数据进行各传动链的置换计算。

（4）根据计算结果安装配换挂轮。

（5）润滑机床，空运转试车，检查各运动方向。

（6）安装齿轮毛坯，并检查与校正径向振摆。

（7）安装滚刀并调整其对中位置。

（8）脱开垂直进给传动链，手动下降刀架，使刀轴中心线稍低于工件的上平面。

（9）开动机床，手摇立柱，移动滚刀使其接近工件，直到滚刀接触到工件为止，再将立柱水平移动使刻度环到零点位置。当工件与滚刀对滚一圈后，停车并根据工件表面切出的刀痕检查加工齿数是否正确。

（10）将刀架向上移到一定程度，调整刀架的偏转角度。

（11）水平移动立柱，使滚刀向工件切入，切削深度为第一次切削深度（当 $h >$ 3.0 mm时，一般采用两次以上切削加工），然后锁紧。

（12）计算并输入切入点、切出点坐标。在 Z 轴回零点后，分别在显示屏"Y 轴"的起点和终点位置输入切入点、切出点的 Y 轴坐标（$H+b+E$）和（$H-u$），其中，H 为齿轮安装基面高度坐标，b 为齿宽，E、u 计算如下：

切入行程
$$E = \sqrt{\left[(d_{a0} + d_{a2}) + \tan^2\eta + d_{a0}\right]h}$$

切出行程
$$u = \frac{1.25m\sin\eta}{\tan\alpha}$$

式中，d_{a0}为滚刀顶圆直径；d_{a2}为工件顶圆直径；η为滚刀安装角，$\eta = \beta_2 \pm r_0$，β_2为工件螺旋角，r_0为滚刀螺旋角升角；h为全齿深；α为压力角。

完成"Y 轴"坐标值的确定。

（13）接通垂直进给传动链，进行第一次粗切，然后使刀架快速退离工件，松开立柱，向工件进行第二次切入，调整切削深度至切齿全深为止，再锁住立柱进行第二次加工。

（14）加工完毕后停车，快速退回刀架，退出立柱，检查工件尺寸，测量齿轮公法线长度。

（15）卸下工件、滚刀及全部配换挂轮，清理机床。

5.4.5　实验记录与数据处理

结合公式和计算过程，详细描述如何选择挂轮。

5.4.6　实验思考题

（1）滚齿机加工齿轮总共需要多少个运动？分别是什么？

（2）加工圆柱齿轮，调整机床时，应根据工件的端面模数还是法向模数来选择滚刀？为什么？

（3）本实验所用滚齿机的精度是由工件传动链还是刀具传动链决定的？

5.5　实验 5　数控电加工实验

5.5.1　实验目的

（1）了解电火花成型加工机床及数控电火花线切割机床的结构和基本工作原理，掌握电火花成型加工机床各部分的功能及操作方法。

（2）掌握电火花成型加工工艺参数的选择方法，学会电极的安装、工件装夹及找正方法；掌握数控电火花线切割工艺参数（间隙补偿量、加工电流等）的选择方法，学会工件装夹及找正方法。

（3）加深对电加工技术原理、特点及应用范围的理解。

（4）观察电加工中极性效应和炭黑吸附效应等现象，加深对电加工理论知识的理解。

（5）掌握利用机床安装的自动编程系统对零件图纸进行输入、自动编程、模拟加工等操作。

5.5.2 实验原理与内容

5.5.2.1 GWM 电火花成型加工机床的基本原理

电火花成型加工是利用工具电极和工件电极，即正、负电极之间产生脉冲性火花放电时产生的电腐蚀现象，来蚀除工件上多余的金属，以达到对工件尺寸、形状和表面质量预定的加工要求。通常工件电极（工件）接正极，工具电极（紫铜或其他导电材料如石墨）接负极，工具电极和工件电极均被淹没在具有一定绝缘性能的工作液（绝缘介质）中。当脉冲电源发出的脉冲电压施加到工件电极和工具电极上时，在伺服系统的控制下，机床主轴移动，逐渐缩小工具电极与工件的距离。当距离小到一定程度时，两极间最近点处的工作液（绝缘介质）被脉冲电压击穿，形成瞬时放电通道，产生局部高温，使金属局部熔化甚至气化而被去除，形成电蚀凹坑。

电源以很高的频率连续不断地重复放电，而工具电极不断地向工件电极进给，使工件电极与工具电极之间的放电间隙恒定，工具电极的形状就会"复制"到工件电极上，从而加工出与工具电极外形一致的型腔。电火花放电原理如图 5-16 所示。

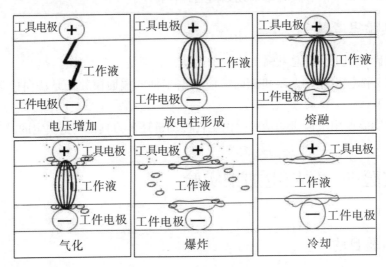

图 5-16　电火花放电原理

实现电火花成型加工的条件有以下几点：

（1）工具电极和工件电极之间必须加 60～300 V 的脉冲电压，还需维持合理的工作距离——放电间隙。放电间隙过大，介质不能被击穿，无法形成火花放电；放电间隙过小，容易导致积炭，甚至发生电弧放电，无法继续加工。

（2）两极间必须充满具有一定绝缘性能的工作液。电火花成型加工的工作液一般为专用火花油，实际生产中，为降低成本，多用煤油。

（3）输送到两极间的脉冲能量应足够大，即放电通道要有很大的电流密度，一般为 $10^4 \sim 10^9$ A/cm²。

（4）放电必须是短时间的脉冲放电。一般放电时间为 $1\ \mu s \sim 1$ ms，这样才能使放电产生的热量来不及扩散，从而把能量作用局限在很小范围，保持电火花放电的冷极特性。

（5）脉冲放电需要多次进行，且在时间和空间上分散，避免发生局部烧伤。

（6）脉冲放电后的电蚀产物应能及时排放至放电间隙外，使重复性放电能顺利进行。

电火花成型加工过程如图 5-17 所示。

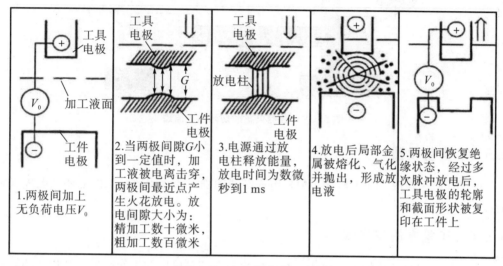

图 5-17　电火花成型加工过程

5.5.2.2　数控电火花线切割机床的基本原理

数控电火花线切割原理与电火花成型加工类似，只是工具电极为一根运动的金属丝（直径为 0.02~0.3 mm 的钼丝或黄铜丝）。金属丝（电极丝）为负极，工件为正极，在正、负极之间施加脉冲电压，产生放电腐蚀，从而对工件进行切割加工。

数控电火花线切割机床采用正极性加工，电极丝缠绕在储丝筒上，电机带动其旋转，保证电极丝源源不断地进入和离开放电区域。电极丝与工件之间浇注工作液，工作液在高频脉冲电源作用下，被电离、击穿形成放电通道，电子高速奔向正极，正离子奔向负极，电能转变为动能；运动过程中，粒子间的相互撞击及粒子与电极材料的撞击，将动能转变为热能。因此，在放电通道内，正极和负极表面分别成为瞬时热源，高温使工作液汽化、热裂分解，金属材料熔化、沸腾、汽化。在热膨胀、局部微爆炸、电动力、液体动力等综合作用下，蚀除下来的金属微粒随着电极丝的移动和工作液的冲洗而被带离放电区，在金属表面形成凹坑。在脉冲间隔时间内，工作液电离，放电通道中的带电粒子复合为中性粒子，恢复了工作液的绝缘性。由于加工过程是连续的，在控制系统的控制下，工作台在水平面沿两个坐标方向伺服进给运动，于是工件就逐步被切割成各种形状，如图 5-18 所示。

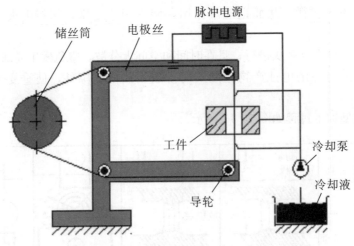

图 5-18　数控火花线切割加工原理

5.5.3　实验仪器

　　GWM 电火花成型加工机床、数控电火花线切割机床、钼丝、工件毛坯、电极（紫铜）。

5.5.4　实验方法与步骤

　　（1）了解电火花成型加工机床、数控电火花线切割机床的工作原理、结构、功能和操作方法。

　　（2）讲解演示电火花成型加工机床工具电极的安装和线切割穿丝过程，装夹工件，对工件进行找正。

　　（3）讲解电火花成型加工机床、数控电火花线切割机床的操作，掌握操作技巧。

　　（4）选择典型的零件图纸，根据图纸要求完成电火花成型加工深度分组，设定各加工阶段的工艺参数。在 AutoCAD 软件中画出被加工零件，确定加工方向和加工次数，生成加工程序，设定加工电流参数。

　　（5）开启电火花成型加工机床和数控电火花线切割机床，先进行加工对刀操作。对刀操作比较简单，电极或钼丝与工件接触会触发蜂鸣器报警，只要在系统中进行相应设置即可。

　　（6）电火花成型加工机床需要使工作液没过工件，保证放电在液面下进行。数控电火花线切割机床开启水泵，开启运丝系统。

　　（7）点击开始加工按钮，密切观察加工过程，观察放电火花大小，判断参数是否合理。

　　（8）加工结束后，依次关闭脉冲电源、液泵开关、运丝开关，最后关闭总电源。清洁工件和机床，清点工具，关闭机床。

5.5.5　实验记录与数据处理

　　（1）记录电火花成型加工机床多步加工孔的参数，填入下列表格。

序号	面积	深度	极性 S	模式 M	电流 P	A	B	R	U	伺服 SV	F%	TL%	TR%	CAP
1														
2														
3														
4														
5														
6														
7														
8														

（2）截取 AutoCut 系统线切割加工零件图及路径图。

5.5.6　实验思考题

（1）电火花成型加工适合加工什么类型的零件？

（2）数控电火花线切割加工与二维铣削加工相比有什么优势？

（3）数控电火花线切割加工引丝孔有什么作用？

（4）电火花成型加工时，平动头有什么作用？

5.6　实验 6　3D 打印加工实验

5.6.1　实验目的

（1）理解快速成型制造工艺原理和特点。

（2）理解增材制造和传统减材制造工艺过程的区别。

（3）学习 3D 打印软件的使用方法。

5.6.2　实验原理与内容

熔融沉积成型（Fused Deposition Modeling，FDM）3D 打印技术，以丝状材料为原料，利用电加热方式将丝状材料（如塑料、树脂、低熔点金属）加热至略高于熔化温度，在程序控制下，使喷头在 $X-Y$ 平面运动，并将熔融材料涂覆在工作台上，材料冷却后，形成工件一层截面。喷完一层材料后，喷头上移一定高度，开始加工下一层，依此方法逐层堆积，形成三维工件。随着高度增加，零件轮廓形状变得不稳定，当变形较大时，上层轮廓失去充分的定位和支撑，这时需要设计一些辅助支撑结构，保证成型过程的顺利实现。材料冷却后，去除支撑材料就可得到所需零件。FDM 3D 打印技术原理如图 5-19 所示。

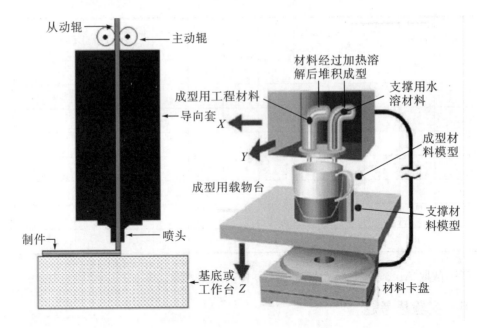

图 5-19 FDM 3D 打印技术原理

与传统制造业通过模具、车铣等机械加工方式对原材料进行定型、切削以最终生产成品不同，3D 打印技术是将三维实体变为若干个二维平面，通过处理材料并逐层叠加进行生产，大大降低了制造的复杂度。这种数字化制造模式不需要复杂的工艺、庞大的机床及大量人力，直接通过计算机图形数据中便可生成各种形状的零件，使生产制造向更广的生产人群延伸。

FDM 3D 打印技术的优点是材料利用率高、成本低、可选材料种类多、工艺简洁，缺点是精度较低、复杂构件不易制造、零件悬垂区域需加支撑、表面质量较差。该工艺适用于产品的概念建模及功能测试，适合中等复杂程度的中小型零件，不适合制造大型零件。

5.6.3 实验仪器

3D 打印机、ABS 丝材、专用工具。

5.6.4 实验方法与步骤

5.6.4.1 数据准备

（1）将所需加工的零件进行三维 CAD 造型，并生成 STL 文件。

（2）打开 CatalystEX 软件，选择载入加工零件的 STL 文件。

（3）选择切层厚度，较小的切层厚度可以提高零件表面质量，但制作时间较长。

（4）选择内部填充方式，确定零件内部区域填充类型，主要有实心、疏松－高密度、疏松－低密度三种，应根据要求进行选择。

（5）选择支撑样式。支撑样式影响支撑强度和打印时间。默认方式是智能支撑，还有基础、SMART、环绕等样式。

（6）选择 STL 文件比例。处理零件之前，可以更改制作空间中的零件大小。打开文件后，可通过更改比例来更改 STL 文件生成的零件大小。

（7）选择 STL 文件方向。方向会影响制作速度、零件强度和表面质量。可以选择自动定向零件，让软件选择最佳方向。

（8）将 STL 文件添加到模型包。

（9）生成打印 STL 文件。软件将处理模型包中的零件，创建 CMB 文件，3D 打印机据此打印零件。

5.6.4.2 制作零件

（1）开启设备，设置工作温度，进行预热。

（2）装料及出料测试，送模型材料、支撑材料至喷头出料嘴。通过查看出料的拉伸扭矩，判断是否进入喷嘴装置。预热后，将喷头中老化的丝材吐完，直至 ABS 丝光滑。

（3）在 CatalystEX 软件中，向 3D 打印机发送一个零件。3D 打印机显示屏显示"准备制作"和队列中等待制作的第一个文件名称。

（4）在显示面板中按"启动模型"，开始制作零件。

5.6.4.3 取出完成的零件

（1）3D 打印机完成零件制作，显示屏显示"已完成"后，打开内室门。

（2）翻下托盘固定装置，然后滑出并向上拉托盘，将其取出。

（3）滑入并向下推入新托盘，将其插入，然后翻起固定装置将托盘锁定到位。

（4）关闭内室门，显示屏显示"是否移除了零件"，选择"是"。

（5）从打印机中取出托盘后，用手平稳地来回弯曲托盘以松开零件。

（6）将零件取下，或使用油灰刀完全移除零件。

5.6.5 实验记录与数据处理

记录实验数据，填写下列表格。

模型	标准零件	自选零件
喷头预热时间（min）		
平台预热时间（min）		
零件尺寸（长×宽×高，mm）		
切层厚度（mm）		
切层数量		
填充类型		
打印材料		
打印时间（min）		

模型	标准零件	自选零件
实际打印尺寸（长×宽×高，mm）		
尺寸精度（mm）		

5.6.6 实验思考题

（1）简述 FDM 3D 打印技术的成型原理。

（2）在快速原型制造过程中，滚珠丝杠螺母之间的间隙会对造型产生怎样的影响？

（3）造型精度会影响零件精度吗？

（4）切片的间距对成型件的精度和生产率会产生怎样的影响？

第6章　液压元件及系统分析实验

液压传动与控制是机械类专业核心专业技术课之一，是机电一体化技术的重要组成部分。目前，液压传动与控制技术在某些领域中已占绝对优势。本章实验从伯努利方程实验、液压元件及简单液压回路实验出发，通过实验力图使学生掌握液压系统元器件的基本知识和液压原理，认识工业液压元件，掌握通用元器件特性。

6.1　实验1　伯努利方程实验

6.1.1　实验目的

（1）理解液体静压原理，验证流体恒定流动时的总流伯努利方程。
（2）进一步掌握有压管流中流动液体能量转换特性。
（3）掌握液体在流动状态下压力损失与速度的关系。

6.1.2　实验原理与内容

在一个流体系统（如气流、水流）中，流速越快，流体产生的压力就越小，这就是伯努利定理。由不可压缩的理想流体沿流管做定常流动时的伯努利定理知，流动速度增加，流体的静压将减小；反之，流动速度减小，流体的静压将增加。但流体的静压与动压之和（总压）始终保持不变。伯努利方程是液压传动的三大基本方程之一。

不停运动的一切物质，其能量在不断转化。流体也具有动能和势能两种机械能，其与其他形式能量可以相互转化。当管路条件（如管道位置、管径等）发生变化时，机械能就会产生相应改变及相互转换。

不可压缩流体在导管中做稳态流动，经粗细不同或高低不同的管道流出，以单位质量流体为基准，能量守恒方程为

$$z_1 g + \frac{u_1^2}{2} + \frac{p_1}{\rho} = z_2 g + \frac{u_2^2}{2} + \frac{p_2}{\rho} + \sum h_f$$

式中，u_1、u_2分别为流体在管道上游截面和下游截面处的流速，m/s；p_1、p_2分别为流体在管道上游截面和下游截面处的压强，Pa；z_1、z_2分别为流体在管道上游截面和下游截面中心至基准水平的垂直距离，m；ρ为流体密度，kg/m³；g为重力加速度，m/s²；$\sum h_f$为流体在两截面之间消耗的能量（J/kg），是流体在流动过程中损失的机

械能。

对于理想流体，不存在因摩擦而产生的机械能损失，因此其在管道内稳定流动时，伯努利方程为

$$z_1 g + \frac{u_1^2}{2} + \frac{p_1}{\rho} = z_2 g + \frac{u_2^2}{2} + \frac{p_2}{\rho}$$

上式表示 1 kg 理想流体在各截面具有的总机械能相等，但各截面每一种形式的机械能并不一定相等，各种形式的机械能可以相互转换。将上式中每一项除以 g，可得到单位重量流体的机械能守恒方程：

$$z_1 + \frac{u_1^2}{2g} + \frac{p_1}{\rho g} = z_2 + \frac{u_2^2}{2g} + \frac{p_2}{\rho g} + H_f$$

式中，重力势能、动能、压力势能分别称为位压头、动压头、静压头，H_f 为压头损失。在流体流动过程中，用带小孔的测压管测量管道中流体流动过程各点的能量变化。当测压管的小孔垂直于流体的流动方向时，测得管道中各点的静压头。当测压管的小孔正对流体的流动方向且位于轴心线位置时，可测得总水头，同时和测压管构成毕托管，可测速度水头。图 6−1 展示了毕托管测速原理，利用测压管和总压管测得总水头和静压头之差为速度水头，用来测得流速，即 $u = \sqrt{2g\Delta h}$。

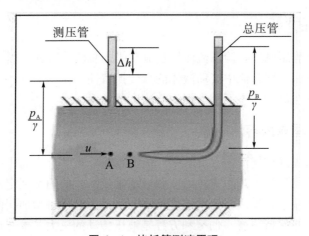

图 6−1　毕托管测速原理

6.1.3　实验仪器

流体力学综合实验系统、电脑。伯努利方程实验装置为流体力学综合实验系统中的一部分，如图 6−2 所示。

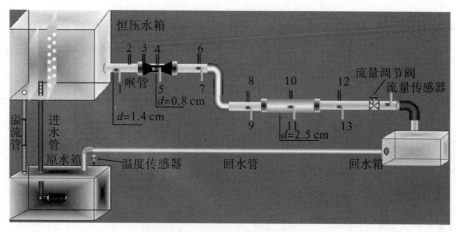

图 6-2　伯努利方程实验装置

6.1.4　实验方法与步骤

（1）检查仪器连接是否完好，打开红色电源按钮（传感器存放箱背面）。

（2）进入计算机操作系统，选择要进行的实验，点击压力校正按钮进行压力校正打开进行实验的出水阀门，关闭其余实验的出水阀门。

（3）压力校正后，点击水泵控制按钮，开启水泵，给恒压水箱供水，调节进水阀门，使水流处于溢流（挂壁）状态。

（4）水箱注满后，管道内的空气被排尽，关闭出水阀门，点击计算机控制系统中的流量校正。

（5）调节流量调节阀，记录 13 个测试点的压力和总流量，再调节流量调节阀，继续下一组数据的测试与记录。

（6）实验完毕后，关闭水泵，完全打开流量调节阀，关闭系统。

伯努利方程实验注意事项：上水箱的水需要保持平稳、缓慢溢流状态，如果溢流速度较快，则微微关闭上水箱的进水阀门。实验过程中，实验管道有气泡，则需要将出水阀门旋转至关闭状态，待管道中全部充满水后微开排气阀，此时管道气泡消失，再打开出水阀门，继续实验。

6.1.5　实验记录与数据处理

（1）记录实验数据，填写下列表格。

	开度	1	2	3	4
压力 （kPa）	测试点 1				
	测试点 2				
	测试点 3				
	测试点 4				

开度		1	2	3	4
压力 （kPa）	测试点 5				
	测试点 6				
	测试点 7				
	测试点 8				
	测试点 9				
	测试点 10				
	测试点 11				
	测试点 12				
	测试点 13				
流量（mL/s）					

（2）根据实验数据进行计算，填写下列表格。（管径见图 6－2）

开度	测试点	平均流速 v(cm/s)	毕托管测点流速 u(cm/s)	压力损失 （kPa）	流量系数 ζ
1	1、2				
	4、5				
	6、7				
	8、9				
	10、11				
	12、13				
2	1、2				
	4、5				
	6、7				
	8、9				
	10、11				
3	1、2				
	4、5				
	6、7				
	8、9				
	10、11				

续表

开度	测试点	平均流速 v(cm/s)	毕托管测点流速 u(cm/s)	压力损失 （kPa）	流量系数 ζ
4	1、2				
	4、5				
	6、7				
	8、9				
	10、11				

6.1.6　实验思考题

（1）为什么测压管开口方向应与流速垂直，而总压管（测速管）开口方向应迎着流速方向？

（2）使用能量方程时，为什么上、下游断面都必须选在渐变流段中？

（3）有哪几种技术措施可避免喉管处形成真空？分析改变作用水头（如抬高或降低水箱水位）对喉管压强的影响情况。

（4）实验结果是否与理论结果相符？为什么？

6.2　实验 2　液压泵性能测试实验

6.2.1　实验目的

（1）通过实验，了解液压泵的工作特性。

（2）理解并掌握液压泵的主要性能，学会小功率液压泵的测试方法。

（3）认识工业液压元器件，了解液压回路的基本要求。

6.2.2　实验原理与内容

液压泵的工作压力由其外加负载所决定，若液压泵出口串联一个节流阀，节流阀出口直通油箱，根据节流阀的通流面积 A_T 的变化就可以对泵施加不同的负载，即泵的工作压力随 A_T 变化。液压泵可以把电动机输入的机械能转化成液压能输出，送给液压系统的执行机构。液压泵因泄漏会造成流量损失，油液黏度越低，压力越大，漏损越严重。本实验测定液压泵在不同工作压力下的实验流量，从而得到其流量-压力曲线和容积效率-压力曲线。液压泵性能测试实验液压回路如图 6-3 所示。

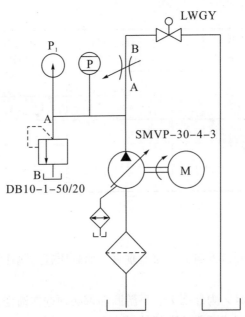

图6-3 液压泵性能测试实验液压回路

（1）液压泵的流量-压力（$Q-P$）特性。

通过测定液压泵在不同工作压力（P_i）下的实际流量，得出流量—压力曲线。通过调节节流阀可得到液压泵的不同压力，该压力可通过压力传感器传输给系统；不同压力下液压泵的流量通过流量传感器传输给系统。记录不同压力下的系统流量，可以描绘出液压泵的流量-压力曲线。

（2）液压泵的容积效率-压力（η_v-P）特性

液压泵因泄漏会造成流量损失，油液黏度越低，压力越大，漏损越严重。测定液压泵在不同工作压力下的实际流量，用下式计算液压泵的容积效率：

$$\eta_{容} = \frac{Q}{Q_{理}}$$

式中，Q 为液压泵的实际流量，m^3/s；$Q_{理}$ 为液压泵的理论流量，实际生产中通常以空载流量（或零压流量）来代替，因为空载时泵的泄漏量可以忽略（零压时泄漏量为零）。

本实验中，理论流量用空载流量代替，为了测定理论流量，应将节流阀的通流面积调至最大。实际流量则可在不同工作压力下分别测得。

6.2.3 实验仪器

QCS014A装拆式液压教学实验台、液压软管。

QCS014A装拆式液压教学实验台如图6-4所示，包括液压元件部分、液压站、数据采集系统和控制系统。液压元件部分包括常见的液压元器件，可进行"液压基本回路"和"液压元件"教学实验。实验台由1个液压泵和1个柱塞泵供油；工作台架可布置20个元件阀块；管路采用快换接头和胶管总成；电气采用工控机＋触摸屏控制，可供10个顺序动作，每个顺序动作同时可输出10个控制信号，液压回路的动作顺序可自行编排。实验台采用拆装式设计和快换接头，可快速地更换实验所需液压元件并进行回路连接，方便实验开展。

图 6-4　QCS014A 装拆式液压教学实验台

6.2.4　实验方法与步骤

（1）按照图 6-3 接好液压回路，仔细检查，保证回路连接正确可靠。

（2）全部打开节流阀和溢流阀，接通电源，启动变量泵，让变量泵空载运转几分钟，排除系统内的空气。（注意：节流阀和溢流阀逆时针方向拧到头为完全打开，顺时针方向拧到头为完全关闭）

（3）关闭节流阀，慢慢调整溢流阀，将压力调至 6.3 MPa，作为系统安全压力，然后用锁母将溢流阀锁紧。

（4）全部打开节流阀，使液压泵的压力最低，测出此时的流量，即为空载流量。

（5）逐渐调小节流阀的通流面积，测出不同情况下的压力 P_i 和流量 Q，将所测数据填入表格。（注意：每次调节节流阀后，需运转一两分钟，待系统稳定后再测数据）

（6）实验完成后，将节流阀、溢流阀全部打开，再关闭液压泵、电源。

6.2.5　实验记录与数据处理

（1）填写液压泵的参数。

液压泵型号：_____；额定压力：_____ MPa；

额定排量：_____ mL/rev；额定转速：_____ r/min；

空载流量：_____ L/min。

（2）记录实验数据，并完成下列表格。

设定压力（MPa）	流量（L/min）	容积效率（%）

（3）根据以上实验记录表，在实验报告中绘制 $Q-P$ 曲线、η_v-P 曲线。

6.2.6　实验思考题

（1）液压泵的工作压力大于额定压力时能否使用？为什么？

（2）在液压泵性能测试实验液压回路中，溢流阀起什么作用？

（3）节流阀为什么能够对液压泵进行加载？

6.3　实验 3　三位四通换向阀中位机能实验

6.3.1　实验目的

（1）熟悉液压传动中的各种基本回路。

（2）加深对三位四通换向阀中位机能的理解。

（3）加深对液压传动系统的理解。

6.3.2　实验原理与内容

根据标准 DIN24 300 中有关阀的数字代码规定，三位四通换向阀有 4 个接口，分别是 P（进油口），T（回油口），A、B（工作油口），并有 3 个阀芯位置。阀芯位置 a、b 表示液压油的进油和回油的流动方向。使用这类阀，其中位或初始位置可以具有不同的机能形式。机能形式取决于液压传动系统的要求，不同机能的阀用中位机能符号加以区分。

6.3.2.1　中位带卸荷机能的三位四通换向阀

图 6-5 为中位带卸荷机能的三位四通换向阀。当阀芯处于中位时，油液直接从进油口流向回油口，比较节能，油液不会发热。但在同一个液压传动系统中，如果几个液压缸彼此独立工作，则不能使用这种阀。

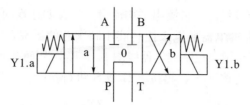

图 6－5　中位带卸荷机能的三位四通换向阀

6.3.2.2　中位机能为各个油口全部封闭的三位四通换向阀

图 6－6 为中位机能为各个油口全部封闭的三位四通换向阀。当阀芯处于中位时，所有油口都被封闭。其优点是在同一个系统中，系统的压力仍然可以作用于其他液压缸。但当使用定量泵时，液压泵必须在溢流阀设定的安全压力下工作，并且当达到设定压力时，溢流阀必须全部打开，油液溢流回油箱，会导致能量消耗大，液压能绝大部分转换成热能。

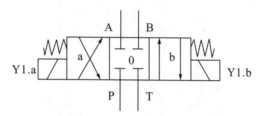

图 6－6　中位机能为各个油口全部封闭的三位四通换向阀

6.3.2.3　中位带浮动机能的三位四通换向阀

图 6－7 为中位带浮动机能的三位四通换向阀。当阀芯处于中位时，两个工作油口都与回油口相连，并且进油口被封闭。其优点是当阀芯回到中位时，能够实现平稳制动；压力从工作油口卸到回油口，可防止由于泄漏造成的工作活塞"爬行"。缺点是在它停止之前，液压缸（工作活塞）会出现短暂的继续运动。

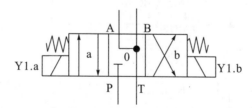

图 6－7　中位带浮动机能的三位四通换向阀

6.3.2.4　实验液压回路和电路

三位四通换向阀中位机能实验液压回路如图 6－8 所示，节流阀控制液压缸的速度并且产生背压，溢流阀设定系统的安全压力，图中空白部分连接实验所用三位四通换向阀，液压缸在换向阀控制下做往复运动。液压缸有杆腔与无杆腔连接压力表，可测压力。系统回油可直接连接量筒，可测出平均流量。三位四通换向阀中位机能实验电路如图 6-9 所示，电路依靠继电器触点来控制液压阀阀芯的运动，S_1 为总电源开关，按下 S_1 整个电路断电，S_2、S_3 用来控制继电器线圈 K_1、K_2，从而控制液压缸的伸出和收回。当电路要换向时，必须先按下 S_1，再按下 S_2 或 S_3 进行换向。

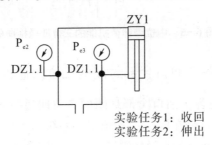

实验任务1：收回
实验任务2：伸出

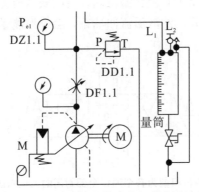

图 6-8 三位四通换向阀中位机能实验液压回路

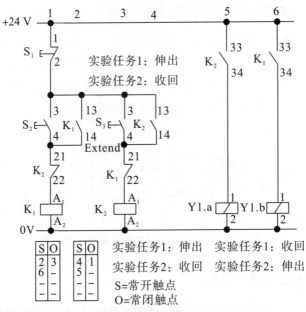

图 6-9 三位四通换向阀中位机能实验电路

6.3.3　实验仪器

博世力士乐 DS4 液压实验台（图 6-10）的操作面一侧装有急停按钮［配电盒（图 6-11）上面］，若出现对人或机器造成危险的情况，DS4 液压实验台可被随时关闭，按动急停按钮切断系统电源，所有操作立即停止，任何控制电路（液压泵站和控制单元）也被切断。但是，一般情况下不要使用急停按钮切实系统电源。

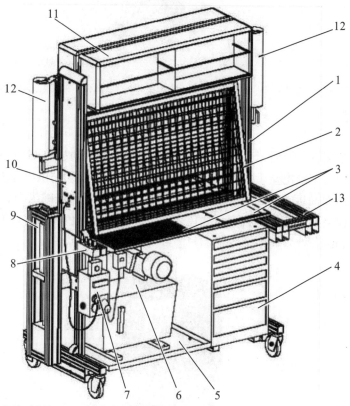

1—带脚轮的基础框架；2—两个实验网孔栅；3—两个滴油网孔板；4—元件箱；5—油盘；
6—带双泵的液压泵站；7—配电盒；8—两个 P/T 分配器；9——个负载模拟装置；
10—两个电源，24 V；11—两个电器模块；12—两个量筒；13—液压软管挂架

图 6-10　博世力士乐 DS4 液压实验台

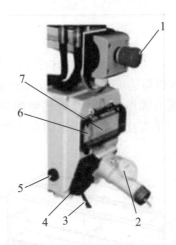

1－急停按钮；2－专用插头；3－连接电缆；4－插座；5－启动按钮；

6－保险；7－故障电流保护器

图 6－11　配电盒

液压泵站如图 6－12 所示。ON/OFF 开关是液压泵站的操纵开关，可防止电机功率消耗过大。当按下配电盒上的"启动"按钮时，驱动液压泵的电机才能启动。油位计可以目视检查油面高度。油温计可用于目视检测油温，显示范围为 20～80℃。污染显示器可显示回油路的滤芯污染程度，绿色表示可以使用，黄色表示需更换滤芯，红色表示需更换油液和滤芯。

1－ON/OFF 开关；2－油位计、油温计；3－污染显示器

图 6－12　液压泵站

6.3.4　实验方法与步骤

（1）将所需液压元件安装在实验台上，实验所用液压回路图如图 6－8 所示。首先安装三位四通换向阀（中位带卸荷机能），再安装其他元件。

（2）根据图 6－8，用压力软管连接各个元件。根据如图 6－9 所示电路原理连接电磁阀控制电路。

（3）检查所连接的回路，确保连接正确可靠。

（4）启动液压泵，用溢流阀 DD1.1 将系统压力设定在 30 bar，将阀芯换到 "b" 位置。当液压缸返回到初始位置时，系统压力可从压力表 P_{e1} 上读取。

（5）当液压缸伸出（阀芯位置 "a"）时，分别按实验记录表中的要求测量并记录相关数据。

（6）当液压缸伸出到极限位置时，记录相关数据。

（7）记录液压缸收回（阀芯位置 "b"）时的相关数据。

（8）将阀换向到中位并记录所测量的数据。

（9）关闭液压泵，更换换向阀，重复步骤（5）～（8），记录相关数据。

（10）实验完毕，关闭系统，卸下液压阀、液压软管并放置在规定地点。

6.3.5　实验记录与数据处理

记录实验数据，填写下列表格。

	液压缸	阀芯位置	P_{e1}（bar）	P_{e2}（bar）	P_{e3}（bar）	Q（L/min）
三位四通换向阀 DW4E（中位带卸荷机能）	活塞杆伸出	a				
	伸出到极限位置	a				
	活塞杆收回	b				
	收回到初始位置	b				
		0				
	液压缸	阀芯位置	P_{e1}（bar）	P_{e2}（bar）	P_{e3}（bar）	Q（L/min）
三位四通换向阀 DW13E（中位机能为各个油口全部封闭）	活塞杆伸出	a				
	伸出到极限位置	a				
	活塞杆收回	b				
	收回到初始位置	b				
		0				
	液压缸	阀芯位置	P_{e1}（bar）	P_{e2}（bar）	P_{e3}（bar）	Q（L/min）
三位四通换向阀 DW10E（中位带浮动机能）	活塞杆伸出	a				
	伸出到极限位置	a				
	活塞杆收回	b				
	收回到初始位置	b				
		0				

6.3.6　实验思考题

（1）对于中位带卸荷机能的三位四通换向阀，当阀芯处于中位时，其压力取决于什么的阻力？

（2）对于中位机能为各个油口全部封闭的三位四通换向阀，当阀芯处于中位时，可建立系统压力，若压力达到设定值，油液如何溢流回油箱？此时若使用定量泵，会产生什么情况？若使用变量泵，变量机构的偏心距会如何变化？

（3）中位带浮动机能的三位四通换向阀能不能用于液压缸重力方向有负重的情况？为什么？

6.4　实验 4　流量控制阀实验

6.4.1　实验目的

（1）了解流量控制阀的工作原理。

（2）掌握流量控制阀的特性曲线。

（3）掌握简单液压回路和继电器控制电路的连接规则，能正确识别元器件，对工业元器件有初步认识。

6.4.2　实验原理与内容

流量控制阀内部有 1 个控制环路，包括 1 个可调式节流口和 1 个上游或下游压力补偿器。由于持续地比较可调式节流口上、下游的压力，因此可保持设定的流量恒定不变。实际运用中，如果液压缸的速度或液压马达的转速必须保持恒定且与压力波动无关，则应使用流量控制阀。例如，与此相关的液压缸需要以不同重量的负载上升、下降，当必须具有相同的行进速度时，则需使用流量控制阀。

流量控制阀实验液压回路如图 6-13 所示。

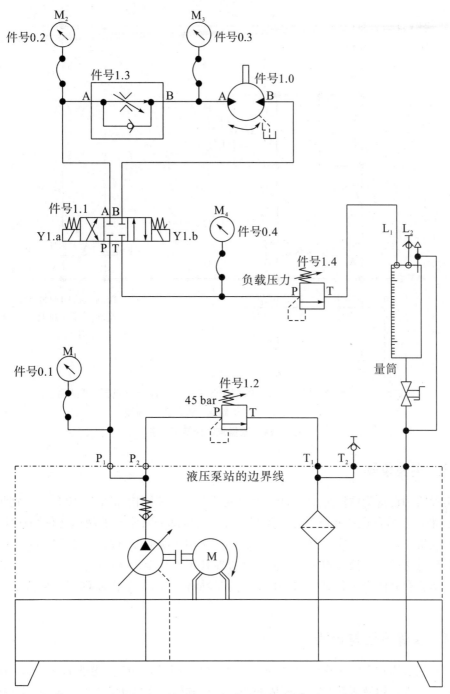

件号 1.0－定量马达；件号 1.1－三位四通换向阀（O 型中位机能）；
件号 1.2、件号 1.4－直动式溢流阀；件号 1.3－二通流量控制阀（可调式）；
件号 0.1～件号 0.4－压力表

图 6－13　流量控制阀实验液压回路

流量控制阀实验电路如图 6－14 所示。

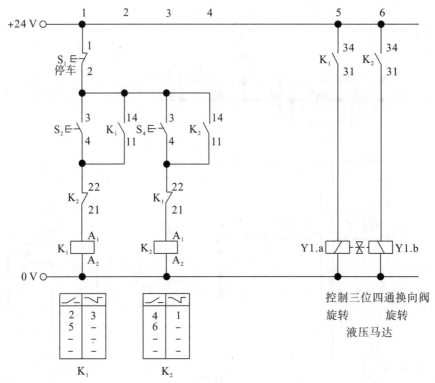

S₁、S₂、S₄—实验台控制面板上的按钮开关；K₁、K₂—继电器线圈和触点；
Y1.a、Y1.b—三位四通方向阀的控制端

图6-14 流量控制阀实验电路

6.4.3 实验仪器

实验所用设备为博世力士乐DS4液压实验台，具体结构如图6-10所示。博世力士乐DS4液压实验台包括液压部分和控制部分，液压部分有常见的液压元件和连接管路，采用快换接头，方便液压回路拆装；控制部分采用传统的继电器和PLC控制两种方案。该实验台可进行常规液压技术、电液比例控制技术、行走机械液压技术的学习培训。每台液压实验台有两个工作面，可同时进行实验操作。两个工作面都有急停开关，安全可靠。

6.4.4 实验方法与步骤

（1）用液压软管将工作台P/T分流块上的P与LS口相连。按照图6-13，选择正确的液压元件，用液压软管接通液压回路。液压软管不得弯折，与压力表相连的接头要合适、连接紧密，防止漏油。所有的压力控制阀都设为最低压力（弹簧卸载），所有节流阀都处于打开状态。仔细检查回路，防止回路不通。

（2）按照图6-14连接控制电路，仔细检查，确保所连电路无短路。

（3）在教师的指导下启动总电源、液压泵及电路开关。检查液压回路有无泄漏，任何一个压力表上的读数都应为零。

6.4.4.1　情况 1：根据上升负载压力，确定流量–压差曲线

步骤（1）～（3）与前述相同。

（4）调节溢流阀（件号 1.2），将系统压力设为 45 bar（压力表 M_1）。

（5）将流量控制阀（件号 1.3）旋钮旋转到刻度 2。

（6）按下 S_4，液压马达顺时针旋转。在溢流阀（件号 1.4）上将回油路的负载压力调为 10 bar（压力表 M_4），将压力表 M_2 和 M_3 的数据填入表格中，计算压差 ΔP。通过量筒测定流量，并填入表格中。

（7）调节溢流阀（件号 1.4），将液压马达上的负载压力以 5 bar 的增量分段式升高到 40 bar，并将压力值 $P(M_2)$、$P(M_3)$、ΔP 和流量 q_v 填入表格中。

（8）将流量控制阀（件号 1.3）旋钮旋转到刻度 4。

（9）重复步骤（6）～（7）的操作，将测得的数据填入相应表格中。

6.4.4.2　情况 2：根据变化的系统压力，确定流量–压差曲线

步骤（1）～（3）与前述相同。

（4）将回油路上的溢流阀（件号 1.4）设置为最小值。

（5）在溢流阀（件号 1.2）上，将系统压力设为 40 bar。

（6）将流量控制阀（件号 1.3）旋钮旋转到刻度 2。

（7）按下 S_4，液压马达顺时针旋转。将压力表 M_1、M_3 的数据填入表格中，计算压差 ΔP。通过量筒测定流量，并填入表格中。

（8）通过溢流阀（件号 1.2）以 5 bar 的减量分段式降低系统压力到 10 bar。

（9）实验完成后，完全打开溢流阀，使系统压力为最低。通知教师关闭系统，待系统无压力后，关闭油路总开关，拆卸液压元件和油管，将其挂回相应的位置。拆卸控制电路电缆线，放回原处。

（10）教师检查物品无缺失，摆放整齐，实验结束。

6.4.5　实验记录与数据处理

（1）记录数据，填写下列表格（负载压力上升）。

$P(M_2)$（bar）		$P(M_3)$（bar）	压差 ΔP（bar）		流量 q_v（L/min）	
刻度 2	刻度 4	负载压力	刻度 2	刻度 4	刻度 2	刻度 4

（2）记录数据，填写下列表格（系统压力变化）。

测量点 P（M_1）（bar）	测量点 P（M_3）（bar）	压差 ΔP（bar）	流量 q_v（L/min）
40			
35			
30			
25			
20			
15			
10			

（3）根据表格（负载压力上升）数据描绘负载压力上升情形下的流量－压差曲线（刻度 2、刻度 4 画在同一幅图上）。

（4）根据表格（系统压力变化）数据描绘系统压力变化情形下的流量－压差曲线。

6.4.6　实验思考题

（1）当负载压力变化时，流量如何变化？

（2）当入口压力/系统压力变化时，流量如何变化？

（3）当压差处于最小压差（生产厂商的特定数据）以下时，流量如何变化？

6.5　实验 5　减压阀实验

6.5.1　实验目的

（1）了解减压阀的工作原理。

（2）掌握减压阀的特性和使用方法，掌握液压回路连接规则和技巧。

（3）掌握简单的继电器电路控制知识，会设计简单电路。

6.5.2　实验原理与内容

减压阀和溢流阀都可以起到限制压力的作用，溢流阀限制系统的输入压力，而减压阀限制系统的输出压力（执行机构的压力），它所限定的压力总是低于系统压力。如果液压控制系统的某一次级执行机构需要以较低的压力来进行控制，且这个较低压力不依赖于系统压力，就需要用到减压阀。减压阀可以保持输出压力恒定，并使其降到输出压力以下。

减压阀实验液压回路如图 6－15 所示。

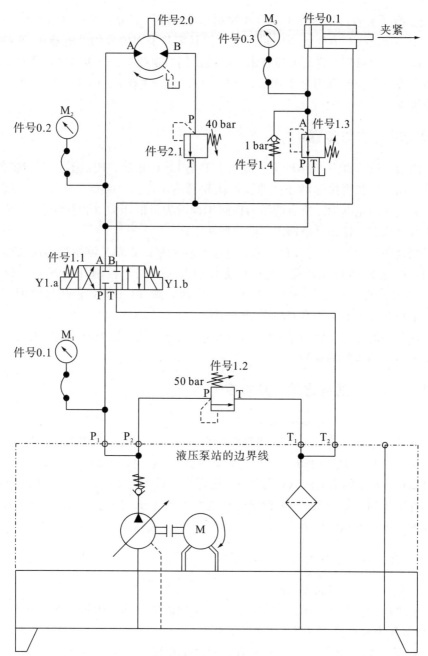

件号1.0-双作用液压缸（单侧活塞杆）；件号2.0-定量马达（有外泄油管）；

件号1.1-三位四通换向阀（O型中位机能）；件号1.2、件号2.1-直动式溢流阀；

件号1.3-三通减压阀；件号1.4-单向阀（开口压力1 bar）

图6-15　减压阀实验液压回路

6.5.3　实验仪器

实验所用设备为博世力士乐DS4液压实验台，具体结构如图6-10所示。博世力士乐 DS4 液压教学实验台包括液压部分和控制部分，液压部分有常见的液压元件和连接管路，采用快换接头，方便液压回路拆装；控制部分采用传统的继电器和 PLC 控制两种方案。该实验台可进行常规液压技术、电液比例控制技术、行走机械液压技术的学习培训。每台液压实验台有两个工作面，可同时进行实验操作。两个工作面都有急停开关，安全可靠。

6.5.4 实验方法与步骤

（1）用液压软管将工作台 P/T 分流块上 P 与 LS 口相连。按照图 6-15 选择正确的液压元件，用液压软管接通液压回路。液压软管不得弯折，与压力表相连的接头要合适、连接紧密，防止漏油。所有的压力控制阀都设为最低压力（弹簧卸载），所有节流阀都处于打开状态。仔细检查回路，防止回路不通。

（2）结合图 6-14，自行设计电路，连接实验电路。要求与流量控制阀实验电路有以下不同：按钮 S_1 为总控开关，S_2、S_4 为控制开关，按下控制开关 S_2，三位四通阀 Y1.a 通，液压缸伸出；按下控制开关 S_4，三位四通阀 Y1.b 通，液压缸收回，可随时切换；按下总控开关 S_1，三位四通阀处于中位。

（3）在教师的指导下启动总电源、液压泵及电路开关。检查液压回路有无泄漏，任何一个压力表上的读数都应为零。

6.5.4.1 情况 1：有旁通单向阀的控制

步骤（1）～（3）与前述相同。

（4）调节溢流阀（件号 1.2），将系统压力设为 50 bar（压力表 M_1）。

（5）按下 S_4 以控制方向阀（件号 1.1），液压马达（件号 2.0）顺时针旋转，将液压马达（端口 B）上的溢流阀（件号 2.1）设定为负载压力 40 bar（接一个压力表）。

（6）在减压阀（件号 1.3）上设定夹紧压力为 20 bar（压力表 M_3）。将液压缸伸出和收回期间所测得数据（压力表 M_1、M_2、M_3）填入表格中。

6.5.4.2 情况 2：无旁通单向阀的控制

步骤（1）～（3）与前述相同。

（4）在教师的指导下，不改变任何设置，关闭液压泵站。切勿更改液压马达（件号 2.0）的负载压力和夹紧缸（件号 1.0）压力。

（5）卸下旁通单向阀（件号 1.4）和两根连接软管。

（6）在教师指导下启动液压泵。按下 S_4 以控制方向阀（件号 1.1）。液压马达克服 40 bar 的负载压力转动，夹紧缸以 20 bar 的压力夹紧。

（7）将液压缸伸出和收回期间所测得的数据（压力表 M_1、M_2、M_3）填入表格中。同时，在已伸出和已收回的状态下输入压力。

（8）实验完成后，完全打开溢流阀，使系统压力最低。通知教师关闭系统，待系统无压力（压力为 0）后，关闭油路总开关，拆卸液压元件和油管，将其挂回相应的位置。拆卸除控制电路电缆线，放回原处。

（9）通知教师检查物品是否缺失，物品摆放整齐，实验结束。

6.5.5　实验记录与数据处理

（1）记录实验数据，填写下列表格。

测量点	有旁通单向阀 DS2.1			无旁通单向阀 DS2.1		
	$P(M_1)$（bar）	$P(M_2)$（bar）	$P(M_3)$（bar）	$P(M_1)$（bar）	$P(M_2)$（bar）	$P(M_3)$（bar）
夹紧缸伸出（期间）						
夹紧缸伸出（终点）						
夹紧缸收回（期间）						
夹紧缸收回（终点）						

（2）绘制实验所用调试合格的电路图。

6.5.6　实验思考题

（1）减压阀能向次级执行机构提供比系统压力更高还是更低的压力？

（2）如果减压阀端口 A 的压力升高（如次级执行机构的压力变化），减压阀怎样动作处理过高压力？

（3）当换向阀 1.1 处于左位时，减压阀相当于什么阀？

（4）当换向阀 1.1 处于右位时，减压阀相当于什么阀？

6.6　实验6　液压回路设计及控制实验

6.6.1　实验目的

（1）综合运用液压知识，根据要求自行设计液压回路。

（2）理解矩阵板控制的原理，掌握简单液压控制方法。

（3）掌握分析液压回路的方法，可对自行设计的回路做出评判。

6.6.2　实验原理与内容

自行设计双作用缸电磁换向回路，要求当电磁阀处于中位时，液压泵不卸荷，从停止到启动保持平稳，油缸可以固定在任何位置静止不动；系统压力、流量可调节，且回路的最高压力不超过 6.3 MPa，流量不超过 8 L/min，系统压力和流量在系统界面上能够直接读取。液压缸位置由传感器测得，要求液压缸的动作顺序如下：液压缸初始位置为杆收回位置，程序运行后液压缸伸出，在 1 号位（1 号传感器）停下，反向运动在 2 号位停下，停顿 15 s 后，液压缸再次伸出，到达 3 号位，此后液压缸动作受系统压力控制，压力超过 4 MPa 后，液压缸继续伸出到达 4 号位，之后反向退回 5 号位（5 号位不是初始位置）。设计的实验系统要符合设计规范，安全可靠。要注意人身安全和设备安全。系统设计压力在 6 MPa 以下，流量小于 8 L/min。安装完毕后，应仔细校对回路和元件，经指导教师同意后方可开机。

实验用矩阵板程序界面如图 6-16 所示。程序从第 1 步开始按顺序执行，每一步有10 路输出用于连接电磁阀的线圈，红色为不输出，绿色为输出。程序运行每一步时，先扫描 10 路输出，如果有输出选项，就在该输出接口产生高电平，保持此状态直到中断确定程序运行完毕，可以执行下一步。中断方式有三种：位置传感器、压力传感器值超过设定值、延时时间到。这三种中断方式的优先级一样。

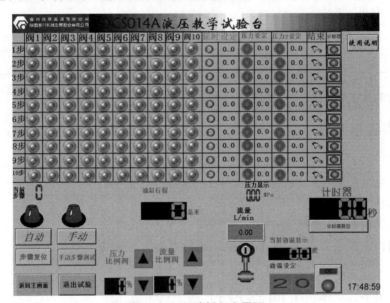

图 6-16　矩阵板程序界面

液压缸头部运动到位置传感器（1 号位、2 号位等）会触发传感器发出高电平信号，系统可自动接收该信号。注意，程序在第 1 步运行时，只接收连在步骤输入 1 端口的传感器信号，以此类推。

6.6.3　实验仪器

QCS014A 装拆式液压教学实验台的结构如图 6-4 所示。

6.6.4　实验方法与步骤

（1）将设计好的液压回路原理图交指导教师进行检查。

（2）按照液压回路原理图用液压胶管总成在 QCS014 装拆式液压教学实验台上搭建回路，并连接各位置传感器与步骤输入端口。

（3）启动工控机，进入万能自编界面，按事先设计的电磁阀动作顺序表进行编程。

（4）搭建好的回路需经过指导教师检查，确认无误且回路完全符合实验要求和实验目的。

（5）将溢流阀的调节手柄完全松开（逆时针转动）。

（6）按下变量泵启动开关，变量泵工作，检查是否有泄漏。如有泄漏，关闭变量泵，重新连接。

（7）调节溢流阀，使回路的压力为 P_1（$P_1 \leqslant 3$ MPa）。

（8）点击手动开关，检查动作顺序是否正确，之后点击自动开关，检查回路和程序是否满足实验要求。

（9）实验完毕后，关闭变量泵和系统，卸下油管和传感器，分析液压回路的优缺点。

6.6.5　实验记录与数据处理

按照标准符号绘制液压回路（包括泵站部分，画图要工整），画出电磁阀控制表并做出相应解释。

6.6.6　实验思考题

（1）节流阀控制进油和回油对系统压力有何影响？

（2）涡流式流量传感器有方向，方向接反会导致什么后果？

（3）换向阀和液压缸一般直接相连，若在两者之间加入节流阀，会不会导致液压缸的伸出与收回速度不一致？为什么？

第 7 章　机电一体化实验

机电一体化技术将机械、电子、传感器和信息接口等有机结合，并综合运用到实际。现代自动化设备都是机电一体化设备，这就要求机械专业学生既要掌握机械方面的知识，又要掌握机电控制方面的知识。本章从伺服电机控制原理出发，综合两种常见控制器 PLC 和单片机，结合机器人编程控制，共安排 6 个实验项目。通过实验，学生可掌握现代控制方法的基本运用，为今后学习产品设计打下基础。

7.1　实验 1　全数字伺服原理实验

7.1.1　实验目的

（1）掌握无刷直流电机换向工作原理，了解其正、反转调速和 PWM 控制原理。

（2）掌握无刷直流电机双闭环调速系统启动、稳态运行时，突加负载及加速时转速与电流的关系。

（3）了解 PI 参数对电机运行特性的影响，以及常见位置进给加、减速方式和信号指令形式。

（4）了解并掌握跟随误差、系统稳定性和开环增益之间的关系。

7.1.2　实验原理与内容

（1）无刷直流电机与普通永磁直流电机从结构上相比，可以认为是定子和转子互换了位置。三相无刷直流电机驱动器内部包含电子换相器主回路：三相 H 形桥式逆变器、换相控制逻辑电路、PWM 调速电路以及过流等保护电路。开环型三相无刷直流电动机驱动系统框图如图 7—1 所示。三相无刷直流电机的转子位置传感器输出信号 Ha、Hb、Hc 在每 360°内给出 6 个代码，换相控制逻辑电路接收转子位置传感器的输出信号 Ha、Hb、Hc，并对其进行译码处理，给出电子换相器主回路（三相桥式逆变器）中 6 个开关管的驱动控制信号。Ha、Hb、Hc 给出的 6 个代码顺序是 101、100、110、010、011、001，这与电动机的转动方向有关，如果转向反了，代码顺序将倒过来。因此，换相控制逻辑电路还应接收电机的转向控制信号 DIR，这也是一个逻辑信号，高电平控制电机正转，低电平控制电机反转。

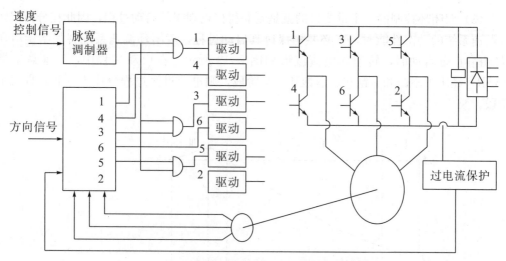

图 7－1　开环型三相无刷直流电机驱动系统框图

（2）无刷直流电机加上电子换相器，从原理上看，相当于一台有刷直流电机，即电子换相器解决了无刷直流电机换相的问题，但没有解决电机调速的问题，这就需要脉宽调制电路来实现电机的调速。目前无刷直流电机驱动系统中，这一频率一般都在 10 kHz以上。由换相控制逻辑电路输出的换相信号频率与电机的转速有关，还与电机的磁极数有关。无论在何种情况下，换相控制逻辑电路输出信号频率都远低于 PWM 调速电路输出信号频率。因此，可以把 PWM 调速电路输出信号和换相控制逻辑电路输出信号通过逻辑"与"合成，调节 PWM 调速电路输出信号的占空比，从而调节电动机的定子电枢电压，以实现调速。考虑到电机在运行过程中，任何时刻在三相 H 形桥式逆变器中只有两个开关管导通，这两个开关管中的一个在高压侧（图 7－1 中 1、3、5 管中的一个），另一个在低压侧（图 7－1 中 4、6、2 管中的一个）。也就是说，总是有高压侧的一个开关管与低压侧的一个开关管串联导通，所以 PWM 调速电路输出信号只需与高压侧三个开关管的控制信号通过逻辑"与"合成，即可实现调压调速。图 7－2 表明了 PWM 调速电路输出信号与换相控制逻辑电路输出信号的合成。

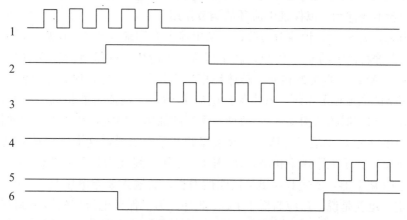

图 7－2　PWM 调速电路输出信号与换相控制逻辑电路输出信号的合成

（3）双闭环控制的一个重要目的就是要获得接近理想的启动过程，因此在分析双闭环调速系统的动态性能时，有必要先探讨其启动过程。双闭环调速系统突加给定电压 U_n^* 由静止态启动时，转速和电流波形如图 7-3 所示。在启动过程中，转速调节器（ASR）经历了不饱和、饱和、退饱和三个阶段，则电流过渡过程分成 Ⅰ、Ⅱ、Ⅲ 三个阶段。

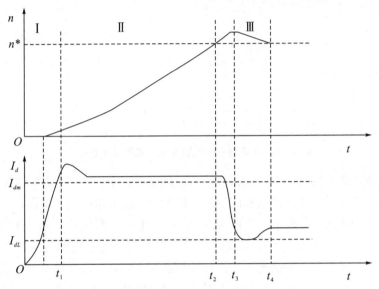

图 7-3　双闭环调速系统启动过程的转速和电流波形

第 Ⅰ 阶段（$O \sim t_1$）：电流上升阶段。突加给定电压 U_n^* 后，通过两个调节器的控制作用，使 U_{ct}、U_{do}、I_d 都上升，当 $I_d \geqslant I_{dL}$ 时，电动机开始转动。由于直流电动机的机械惯性（机电时间常数）的作用，转速的增长不可能很快，因而转速调节器的输入偏差电压 ΔU_n（$U_n^* - U_n$）较大，输出很快达到限幅值 U_{im}^*，强迫电流 I_d 迅速上升。当 $I_d \approx I_{dm}$ 时，$U_i \approx U_{im}^*$，电流调节器的作用使 I_d 不再迅速增长，标志着这一阶段结束。在这一阶段，由于转速的上升是一个机械运动过程，其机电时间常数较大，故 ASR 很快由不饱和达到饱和；而电流的上升是一个电磁过程，其电磁时间常数较小，故电流调节器（ACR）一般不会饱和，以保证电流环的调节作用。

第 Ⅱ 阶段（$t_1 \sim t_2$）：恒流升速阶段。从电流上升到最大值 I_{dm} 开始，到转速升到给定值 n^*（即静特性上的 n_0）为止，属于恒流升速阶段，这是启动过程中的主要阶段。在这一阶段，ASR 一直是饱和的，转速环相当于开环，系统表现为在恒值电流给定电压 U_{im}^* 作用下的电流调节系统，基本保持电流 I_d 恒定（电流可能超调，也可能不超调，这取决于电流调节器的结构参数），故调速系统的加速度恒定，转速呈线性增长。同时，电动机的反电动势 E 也呈线性增长。对电流调节系统来说，这个反电动势是一个线性增长的扰动量，为了克服这个扰动，U_{do} 和 U_{ct} 必须按线性增长，才能保持 I_d 恒定。由于 ACR 是 PI 调节器，要使其输出量按线性增长，其输入偏差电压 ΔU_i（$U_{im}^* - U_i$）必须维持恒定。也就是说，I_d 应略低于 I_{dm}。此外，为了保证电流环的这种调节作用，在启动过程中，电流调节器是不能饱和的，同时整流装置的最大电压 U_{dom} 也必须留有余地，即 PWM 调速电路也不应饱和。

第Ⅲ阶段（t_2 以后）：转速调节阶段。这一阶段开始时，转速已经达到给定值，ASR 的给定电压与反馈电压平衡，输入偏差为 0，但其输出却因积分作用还维持在限幅值 U_{im}^*，所以电动机仍在加速，使转速超调。转速超调以后，ASR 的输入端出现负的偏差电压，使它退出饱和状态，其输出电压即 ACR 的给定电压 U_i^* 立即从限幅值降下来，主电流 I_d 也下降。但由于 I_d 大于负载电流 I_{dL}，在一段时间内，转速仍继续上升。当 $I_d = I_{dL}$ 时，转矩 $T_e = T_L$，则 $dn/dt = 0$，转速 n 达到峰值（当 $t = t_3$ 时）。此后，电动机才开始在负载的阻力下减速，与此对应，I_d 也出现一段小于 I_{dL} 的过程，直至稳定。在最后的转速调节阶段内，ASR 与 ACR 都不饱和，同时起调节作用。由于转速调节在外环，故 ASR 处于主导地位，ACR 的作用是使 I_d 尽快跟随 ASR 的输出量 U_i^*。

（4）闭环调速控制系统结构如图 7-4 所示，$n_0(t)$ 为给定转速，$n(t)$ 为实际转速，其差值 $e(t)$ 经过 PID 控制算法调节后输出电压控制信号 $u(t)$，再经过驱动器放大以驱动电机转动。

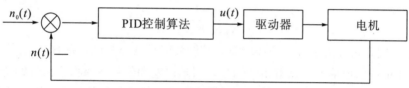

图 7-4　闭环调速系统结构

PID 控制规律可以表示为

$$u(t) = K_p e(t) + K_I \int_0^t e(t)dt + K_d \frac{de(t)}{dt}$$

$$= K_p \left(e(t) + \frac{1}{T_I} \int_0^t e(t)dt + T_d \frac{de(t)}{dt} \right)$$

式中，K_p 为比例系数；K_I 为积分系数；T_I 为积分时间常数；K_d 为微分系数；T_d 为微分时间常数。一般调速系统中，电流环、速度环都采用 PI 调节，本实验就是通过改变 P、I 来验证这两个参数的作用。

（5）位置控制指令信号可以采用数据输入、高速脉冲指令输入等方式。如果采用高速脉冲指令输入方式，则脉冲个数表示位移，脉冲频率表示进给速度，脉冲频率的变化率表示加速度。本实验采用数据输入方式，伺服系统通常要指定进给位移、最大进给速度和进给加速度，在连续轮廓进给控制的应用场合，位置进给指令既包含位移信息，也包含速度信息，系统应根据输入的进给位移、最大进给速度和加速度，形成位置和速度控制指令曲线；有时进给位移较小，系统来不及达到最大进给速度就进入减速段；有时进给位移较大，系统可以达到最大进给速度，从而进入匀速运行段。位置进给运动速度-位移曲线如图 7-5 所示。

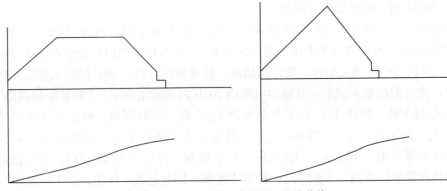

图7-5　位置进给运动速度-位移曲线

（6）典型的位置伺服系统属于Ⅰ型系统。根据线性系统理论，Ⅰ型系统对于直线插补时的斜坡位置输入信号是有误差的，这个误差就是跟随误差。伺服滞后时间就是伴随着位置跟随误差而产生的。对于单位斜坡输入的位置指令，跟随误差 ε 为

$$\varepsilon = \frac{1}{K_p K_v K_g} = \frac{1}{K_h}$$

式中，K_h 为伺服系统的位置环开环增益，其倒数就是系统的误差系数。

对于非单位斜坡输入的位置指令信号，跟随误差和位置输入指令信号的变化率成正比，也就是和进给速度成正比。其中，v 是位置输入斜坡信号的斜率，即进给速度。

$$\varepsilon = \frac{1}{K_p K_v K_g} = \frac{v}{K_h}$$

由此可以看出，位置环开环增益 K_h 越高，系统的位置跟随误差 ε 越小。但是位置环开环增益 K_h 也不能过大，过大会导致系统不稳定。

位置环增益 K_p 越高，系统的位置跟随误差 ε 越小。但由系统频率特性可知，位置环截止频率也提高，如果位置环的截止频率与速度环的截止频率相差不大，速度环在整个位置伺服系统中则不能被简化为一阶惯性环节，则系统阶数升高而不稳定。要获得较高的位置环增益，速度环增益（截止频率）就必须足够高。根据控制系统设计理论，速度内环增益是与电子器件开关时间、系统负载、惯量和伺服电动机最大输出力矩等因素有关，这使位置环增益不能随意提高。为了确保系统的稳定性，实现无振荡位置控制，位置调节器仅采用简单的比例调节器。当速度伺服单元与一阶系统近似时，位置环传递函数为

$$G_p(s) = \frac{X(s)}{X_p(s)} = \frac{K_h/T_v}{s^2 + s/T_v + K_h/T_v}$$

与二阶系统标准形比较得

$$\tilde{\omega}_n = \sqrt{\frac{K_h}{T_v}}$$

$$\xi = \frac{1}{2\sqrt{K_v T_v}}$$

当要求无超调时，有

$$K_h < \frac{0.25}{T_v}$$

式中，$\frac{1}{T_v}$ 为速度伺服单元的标称角频率。

数控机床进给伺服驱动位置伺服系统的设计实践表明，当仅驱动伺服电动机时，位置环增益可达到 100~500，但带上机械执行机构时，为了保证系统在负载或机械结构变动时能始终保持稳定，K_h 一般被设定为 40~50。若伺服电动机的输出力矩受电子器件安全工作电流限制，位置环增益可按下式设定：

$$K_h = \min\left\{40, \frac{1}{T_m}\right\}$$

式中，T_m 为伺服电动机驱动系统的电动机时间常数。

$$T_m = \frac{(GD_L^2 + GD_m^2)n}{375(M_m - M_L)}$$

式中，n 为伺服电动机转速；GD_L^2 为换算至电动机轴上的负载等效飞轮矩；GD_m^2 为电动机转子飞轮矩；M_m 为电动机转矩；M_L 为负载转矩。

7.1.3　实验仪器

全数字伺服系统实验装置、双踪示波器。

全数字伺服系统实验装置如图 7-6 所示，它可系统分析伺服的各项动态特性，通过动态特性曲线直观地指导学生修改伺服相关数据，使伺服达到最佳工作状态。还能对伺服故障进行实时监控，并可人为设置故障，以训练学生掌握伺服故障的特点及排除方法。全数字伺服系统实验装置可完成无刷伺服电机换相原理实验、正反转调速实验、转速电流双闭环零启动及稳态加载实验、伺服系统进给运动加减速实验、PI 参数对电机运动特性影响实验、伺服系统进给运动加减速实验以及开环增益与跟随误差关系实验等。

图 7-6　全数字伺服系统实验装置

7.1.4　实验方法与步骤

（1）打开控制电源，此时默认为开环状态，操作台面板上霍尔信号指示灯点亮，同时三组桥臂六个开关管中有两盏灯点亮，分别位于不同桥臂上的高压侧和低压侧。

（2）把方向开关拨至正转，转动电机输出轴，观察霍尔信号指示灯和开关管开关状态指示灯的变化，开关管开关状态指示灯亮，表明该开关管导通；反之，表明断开。

（3）霍尔信号指示灯点亮记为 1，熄灭记为 0，记录三相霍尔信号的状态和导通的开关管号码的变化关系。

（4）把方向开关拨至反转，重复（2）、（3）。

（5）使控制系统处于开环状态。控制系统上电后默认为开环状态，若此时电机为正转，拨动方向开关至反转，若电机仍为正转，需将电器归零后重新启动，此时电机为反转。若已经启动了控制软件，则点击开环正反调速按钮，使控制系统处于开环状态，电机正、反转切换在下次启动时生效。

（6）转动调速电位器，用示波器观察 PWM 测试孔波形和 PWM 周期。

（7）打开驱动电源，把调速旋钮转至一定位置（一般转至较大值），打开伺服控制软件，点击速度电流双闭环零速按钮，设置速度环 $K_p=0.15$、$K_i=0.05$，电流环 $K_p=0.9$、$K_i=0.1$，点击启动，观察速度－电流响应曲线。

（8）点击稳态加载按钮，速度电流环 PI 参数不变，接通或断开磁粉制动器，相当于给电机加、减外负载，观察并记录速度－电流响应曲线的变化。若曲线绘制时间较长，则点击设置按钮，选择曲线绘制时间为 3s、4s 或 5s。分析实验结果。

（9）改变速度环、电流环的参数，观察运行曲线。

（10）点击 PI 运动特性按钮，设置速度环参数 $K_p=0.15$、$K_i=0.05$，点击启动，观察比较速度给定曲线与实际响应曲线。

（11）保持积分时间常数 T_i 不变，即保持积分的累计作用一致，改变 K_p，设置 $K_p=0.75$、$K_i=0.25$，点击启动，观察比较速度给定曲线与实际响应曲线。分析比较两次实验的速度响应时间。

（12）保持比例系数不变，设置 $K_p=0.15$、$K_i=0.00$，点击启动，观察比较速度给定曲线与实际响应曲线。分析比较两次实验的速度稳态误差。

（13）点击启动，观察位移与速度曲线。

（14）点击位置环加减速实验界面，速度环、电流环参数取默认值，即速度环 $K_p=0.15$、$K_i=0.05$，电流环 $K_p=0.9$、$K_i=0.1$，位置给定设置为 20000（4 倍频后 1 转为 4000 个脉冲），位置调节器增益设置为 20，最大进给速度设置为 300 r/min，进给加速度设置为 10 r/s^2，前馈系数设置为 0，点击启动，观察位移与速度曲线。

（15）位移给定值设置为其他值，其他参数保持不变，点击启动，观察位移与速度曲线。

（16）分别改变最大速度及加速度，观察位移与速度曲线。

（17）改变速度环、电流环参数，观察其对位置控制的影响，即先进入速度电流双闭环模式，比如点击零速启动按钮，改变速度环、电流环参数，然后进入位置环模式，点击加减速按钮，观察运行效果。

（18）点击位置环跟随误差与开环增益关系界面，位置调节器增益设置为 10，其余不变，点击启动，观察给定位移与实际响应位移曲线，记录跟随误差，观察电机是否运行平稳。

（19）将位置调节器增益设置为 20，其余不变，点击启动，观察给定位移与实际响应位移曲线，记录跟随误差，观察电机是否运行平稳。

（20）改变位置调节器增益，观察给定位移与实际响应位移曲线，记录跟随误差，观察电机是否运行平稳。

7.1.5　实验记录与数据处理

截取实验曲线并进行比较分析，总结规律。

7.1.6　实验思考题

（1）在稳态运行时，若突加负载，电流、转速如何变化？若突减负载，电流、转速如何变化？

（2）进给位移的数值对伺服性能有何影响？

（3）速度环、电流环参数设置不当，将影响哪个参数的控制效果？

（4）PI 控制，比例环节的作用是什么？积分的作用是什么？

（5）位置环开环增益越大，系统的位置跟随误差如何变化？系统稳定性如何变化？

7.2　实验 2　PLC 基础运用实验

7.2.1　实验目的

（1）了解 PLC 编程环境，学习梯形图编程语言。

（2）掌握计算机编译、下载程序到 PLC 中。

（3）学习 PCL 是如何实现两轴（X 轴、Y 轴）运动控制的。

7.2.2　实验原理与内容

7.2.2.1　PLC 控制电机原理

图 7-7 展示了 PLC 控制电机原理。PLC 读取输入状态，执行存储的程序，根据输入进行控制逻辑处理；程序运行时，CPU 刷新有关数据；当检测到启动信号时，PLC 将最终数据写入输出模块以控制电机启停。

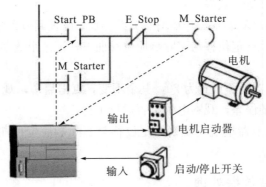

图 7-7　PLC 控制电机原理

7.2.2.2　实验台控制原理

图 7-8 为实验台电气原理（图中 PLC 输入、输出点信号指示灯未标出），设备输入为 220 V 单项交流供电。开关电源输出 24 V 直流电源，为 PLC、接近开关、X 轴、Y 轴步进驱动器提供工作电源。

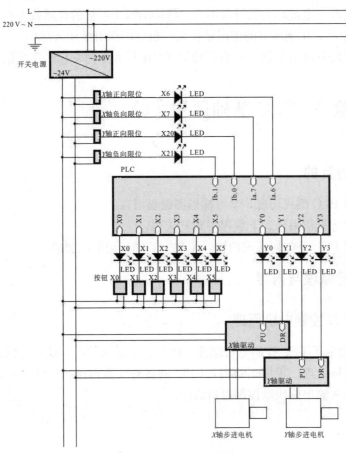

图 7-8　实验台电气原理

X 轴限位信号接入 PLC 的 Ia. 6、Ia. 7 输入点，Y 轴限位信号接入 PLC 的 Ib. 0、Ib. 1 输入点，X6、X7 分别为 X 轴正限位和负限位信号指示灯，X20、X21 分别为 Y 轴正限位和负限位信号指示灯。

按钮 X0、X1、X2、X3、X4、X5 为控制运动的自复位式开关。当按下 X0、X1、X2、X3 按钮时，对应指示灯亮，松开熄灭；当按下 X4、X5 按钮时，对应指示灯亮，再按一次熄灭。PLC 输出点 Y0、Y1 为 X 轴步进驱动器提供脉冲信号和方向信号，Y2、Y3 输出点为 Y 轴步进驱动器提供脉冲信号和方向信号。

（1）点动方式原理。

按下 X0、X1、X2、X3 中某一个按钮，PLC 内部 CPU 读取输入状态，CPU 处理数据，判定给 X 轴信号还是 Y 轴信号，再通过 Y0、Y1、Y2、Y3 给驱动器提供脉冲信号和方向信号，驱动器转换信号后输出给电机，控制电机转动及其方向，使运动轴运动，当运动到达正负限位点时，限位状态指示灯亮，运动轴正负限位输出位置达到信号数据，输出给 PLC，PLC 内部 CPU 处理输入数据，停止输出脉冲信号，步进电机停止转动，从而使轴停止运动。松开按钮，CPU 立即停止输出脉冲信号，运动轴立即停止运动。

（2）往复运动原理。

按下 X4 或 X5 按钮，对应按钮的 LED 指示灯亮，PLC 内部 CPU 读取输入状态，CPU 处理数据，判定给 X 轴信号还是 Y 轴信号，再通过 Y0、Y1、Y2、Y3 给驱动器提供脉冲信号和方向信号，驱动器转换信号后输出给电机，控制电机转动及其方向，使运动轴运动，当运动到达正负限位点时，限位状态指示灯亮，运动轴正负限位输出位置达到信号数据，输出给 PLC，PLC 内部 CPU 处理输入数据，通过 Y1 或 Y3 给驱动器输出相反的方向信号，使运动轴反向运动。再次按下 X4 或 X5 按钮，对应按钮的 LED 指示灯熄灭，CPU 停止输出脉冲信号，步进电机停止转动，运动轴停止运动。

7.2.2.3　控制要求

按下 X0 按钮，X 轴负向移动；按下 X_1 按钮，X 轴正向移动（带加速过程）。

按下 X2 按钮，Y 轴负向移动；按下 X_3 按钮，Y 轴正向移动（带加速过程）。

按下 X4 按钮，X 轴做往复运动；再次按下时，X 轴停止往复运动。

按下 X5 按钮，Y 轴做往复运动；再次按下时，Y 轴停止往复运动。

7.2.2.4　程序举例

主程序调用 X 轴控制程序如图 7−9 所示。

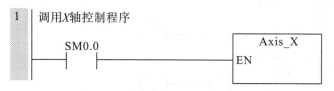

图 7−9　主程序调用 X 轴控制程序

X 轴控制程序如图 7−10 所示。

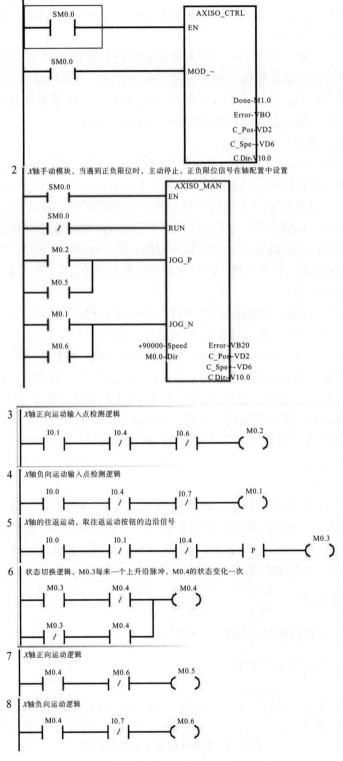

图 7—10 X 轴控制程序

程序区段 2：实现点动子程序调用逻辑。当 M0.5 由 OFF→ON 时，也可以控制 X 轴的正向运动；当 M0.6 由 OFF→ON 时，也控制控制 X 轴的负向运动。M0.5 和 M0.6 的信号变化，由往复运动的按钮逻辑来实现。

区段 3、4：实现 X 轴的正负点动逻辑输入检测。

区段 5、6：实现 X 轴往复运动。输入点 I0.4 的单按钮启停功能，启停标记存放在 M0.4 中。当 I0.4 第一次由 OFF 到 ON 时，M0.4 由 OFF 到 ON；当 I0.4 再次由 OFF 到 ON，M0.4 由 ON→OFF，以此循环。

区段 7、8：实现 X 轴往复运动，当 M0.4 为 ON，且正限位信号 I0.6 常闭触点为 OFF 时，启动正向运动输出 M0.5 由 OFF 到 ON；当 M0.4 为 ON，且负限位信号 I0.7 常闭触点为 OFF 时，启动正向运动输出 M0.6 由 OFF 到 ON。这两个区段即可实现运动轴的往复运动功能。

7.2.3　实验仪器

PLC 及数控验证平台（如图 7-11）。其电源及信号接入面板如图 7-12 所示，运动平台如图 7-13 所示，控制面板如图 7-14 所示。

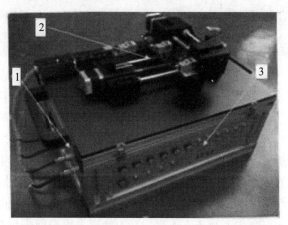

1-电源及信号接入面板；2-运动平台；3-控制面板

图 7-11　PLC 及数控验证平台

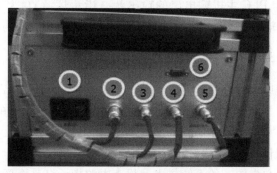

1-电源接口及开关；2-步进电机动力电缆航空插插座；3-X 轴限位信号接口；
4-Y 轴限位信号接口；5-刀具位置到达信号接口；6-RS-485 通信接口

图 7-12　电源及信号接入面板

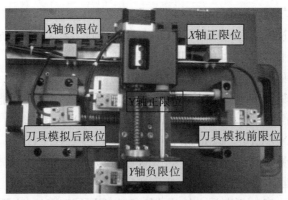

图7-13 运动平台

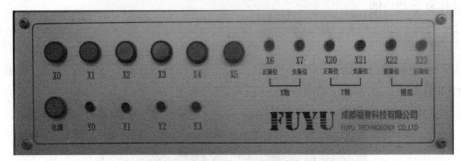

图7-14 控制面板

控制面板中，"电源"为设备电源指示灯。当设备接入电源，且设备电源开关打开时，电源指示灯亮。X0~X5为自复位式开关，自带LED指示灯，其输入对应PLC主机的X0~X5输入口。例如，当用户按下X0按钮时，其为点亮状态，PLC主机的X0输入口有相应信号输入。X6、X7分别为X轴正限位和负限位信号指示灯，当有限位信号输入时，指示灯亮，表示PLC主机的Ia.6、Ia.7输入口有信号输入。X20、X21分别为Y轴正限位和负限位信号指示灯，当有限位信号输入时，指示灯亮，此时PLC主机的Ib.0、Ib.1输入口有信号输入。X22、X23分别为模拟前限位和后限位输入信号指示灯，当有信号输入时，指示灯亮，此时PLC主机的Ib.2、Ib.3输入口有信号输入。Y0、Y1、Y2、Y3为PLC主机输出口的输出状态指示灯，Y0为X轴脉冲输出信号，Y1为X轴方向信号输出，Y2为Y轴脉冲输出信号，Y3为Y轴方向输出信号。

7.2.4　实验方法与步骤

（1）参考上述程序，在编程软件STEP 7-Micro/WIN SMART编辑、编译运动控制的梯形图程序。除了点动、往复运动，可以设计其他简单轨迹的运动，如长方形轨迹、菱形轨迹等。

（2）将CPU和计算机通过电缆连接。

（3）打开实验台总电源，给系统供电，检查电源指示灯是否亮。

（4）下载程序到CPU中。计算机选择与CPU属于同一子网的IP地址，将IP地址设置为具有相同网络ID的地址；在STEP 7-Micro/WIN SMART主界面，点击导航

146

栏中的"通信"按钮，点击"查找 CPU"（Find CPU）按钮，使 STEP 7-Micro/WIN SMART 在本地网络中搜索 CPU。在网络上找到的各个 CPU 的 IP 地址将在"找到 CPU"（Found CPU）下列出。选择找到的 CPU 地址，点击"确定"按钮。

（5）在弹出界面中单击"下载"，开始下载程序。

（6）完成程序下载后，取下 PLC 与计算机连接的电缆，关闭运动控制箱。

（7）分别按下 X0、X1 按钮，观察 X 轴的运动情况和指示灯 X6、X7、Y0、Y1 亮灭情况。

（8）分别按下 X2、X3 按钮，观察 Y 轴的运动情况和指示灯 X20、X21、Y2、Y3 的亮灭情况。

（9）按下 X4 按钮，观察 X 轴的运动情况和指示灯 X6、X7、Y0、Y1 的亮灭情况。

（10）按下 X5 按钮，观察 Y 轴的运动情况和指示灯 X6、X7、Y0、Y1 的亮灭情况。

（11）关闭实验台总电源。

7.2.5　实验记录与数据处理

记录调试合格的程序并写在实验报告中。

7.2.6　实验思考题

（1）程序中 SM0.0 的作用是什么？

（2）M 指令是什么指令？功能是什么？

（3）PLC 程序要考虑自锁和互锁，自锁和互锁一般在什么场合使用？

7.3　实验 3　PLC 编程与控制实验

7.3.1　实验目的

（1）了解 PLC 编程环境，掌握梯形图编程语言。

（2）掌握 PLC 下位机与上位机的通信以及软件调试方法。

（3）掌握线圈与触点以及中间变量与实际变量的关系。

（4）设计出控制程序，并进行调试，实现 PLC 控制。

7.3.2　实验原理与内容

图 7-15 是典型的 PLC 控制结构框图，硬件开关、按钮、传感器信号作为输入信号由 PLC 接收，通过 PLC 内部逻辑运算后，输出相应信号，控制电磁阀等部件工作。PLC 输入端口为 I，输出为 Q，这是直接能接受电压信号的端口。端口 I 功能如下：常开端口 I，当接收到高电平信号时，端口 I 将信号送入 PLC，低电平无效；常闭端口 I，当接收到低电平信号时，端口 I 将信号送入 PLC，高电平无效。同时，PLC 有很多内部寄存器，其

中可以写入值，1代表高电平，0代表低电平，这种模式与I、Q不同，I、Q为瞬态功能，和电路一样要一直保持通路，Q才能一直输出。例如 $\dashv\stackrel{\text{I0.0}}{\vdash}$ $\stackrel{\text{Q0.0}}{(\ )}$，I0.0必须一直有高电平输入，Q0.0才会一直输出。而寄存器V、M可以有两种模式，一种和Q一样，另一种为 $\dashv\stackrel{\text{I0.0}}{\vdash}$ $\stackrel{\text{V0.0}}{(\text{S})}$，一旦端口I接通一次，V0.0存入高电平1，之后V一直保持有
$\qquad\qquad\qquad\qquad\qquad$ 1

电状态。触摸屏可以直接向V、M中写入和读取值，也就是可以直接控制PLC内部寄存器中某个地址所存的值，相当于软件触发。同时，触摸屏可直接读取PLC内部寄存器中某个地址所存的值，控制界面显示相应信息。

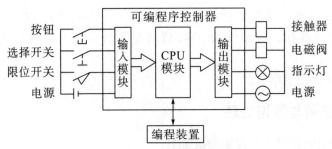

图 7-15　PLC 控制结构框图

实验采用PLC加触摸屏的方式来实现，触摸屏可以自行设置各种虚拟显示界面，常用的开关、按钮和指示灯等用触摸屏元件代替，对应PLC内部寄存器的某个地址。触摸屏可实时将屏幕按钮状态写入PLC内部寄存器，也可以读取某个内存的值，根据值的不同显示不同的画面状态，以模拟真实的开关、按钮和指示灯。目前，工业设备上大量使用触摸屏，由于其通过通信与PLC内部寄存器发生关系而不占用PLC的I/O端口，可节约I/O端子，大大扩展PLC的功能。本实验采用触摸屏自行设计各种工况界面，使其由易到难地编写PLC程序并调试验证，了解最新控制方式。本实验设计了四种触摸屏程序界面，如图7-16所示。

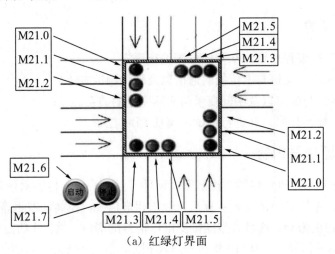

（a）红绿灯界面

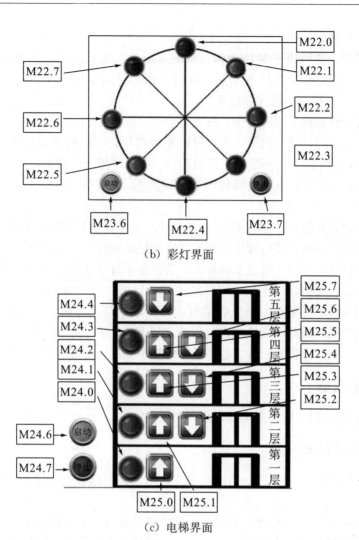

（b）彩灯界面

（c）电梯界面

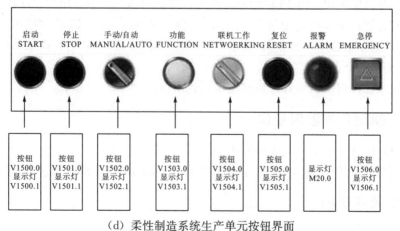

（d）柔性制造系统生产单元按钮界面

图 7-16　实验用触摸屏程序界面

程序要求具体如下：

（1）交通灯：按照以下顺序动作：按下"启动"按钮，上、下两组灯，绿灯亮；左、右两组灯，红灯亮。之后与实际红绿灯一致，要求绿灯亮 1 min，黄灯闪烁时间 3 s。按下"停止"按钮，所有灯熄灭。

（2）彩灯：按照以下顺序动作：按下"启动"按钮，灯亮间隔 1 s，下方蓝灯先亮，按逆时针顺序逐个亮，循环两周，再顺时针循环两周；之后按照蓝、黄、绿、红、黄、绿、蓝的顺序，两个同色灯一起亮，反复循环。按下"停止"按钮，所有灯熄灭。

（3）电梯：启动后，电梯初始状态停在第一层，此时第一层显示灯亮。之后和实际电梯动作一致。

（4）柔性制造系统生产单元按钮：启动时，复位显示灯闪烁，提醒复位。手动状态，按下"复位"按钮，复位程序启动，之后复位显示灯一直亮，启动示灯闪烁。自动状态，按下"启动"按钮，复位显示灯灭，启动显示灯常亮，启动程序执行。启动过程中，按下"停止"按钮，停止显示灯、复位显示灯亮，启动显示灯闪烁，再按下"启动"按钮，启动显示灯常亮，停止显示灯、复位显示灯灭。扭动"手动/自动"按钮，使其处于自动模式；扭动"联机工作"旋钮，使其处于联机模式，联机工作显示灯亮。按下"急停"按钮，报警显示灯、急停显示灯亮，复位显示灯闪烁。

7.3.3　实验仪器

箱式 PLC 学习机（带触摸屏）、编程电脑、数据线。

7.3.4　实验方法与步骤

（1）打开编程软件 STEP 7–Micro/WIN V4.0，根据各控制按钮及显示灯的要求编制程序。

（2）程序编好后，配置 PLC 系统块，波特率设置为 187.5 kbit/s。

（3）打开机器电源，给 PLC 通电。点击"软件通信"菜单，出现"通信"对话框，去除搜索所有波特率前的选中符号，点击"刷新"按钮，找到 PLC 并选中。点击"文件"，在下拉菜单中选中"下载"，确定后将程序下载到 PLC 中。下载完成后点击"运行"，PLC 开始执行程序。

（4）调试各按钮及显示灯，调试程序直到成功。

7.3.5　实验记录与数据处理

（1）绘制所选实验项目的编程流程图。
（2）将调试后的梯形图程序写在实验报告中，标明所属模块，并进行注释。

7.3.6　实验思考题

（1）TON、TOF、TONR 定时器有什么不同？
（2）增加速器、减计数器、增减计数器如何使用？
（3）现代住房楼层都较高，而 PLC 端子有限，电梯每一层的到位检测开关不可能都连接一个 PLC 端子，怎样解决这个问题？

7.4　实验 4　单片机基础运用实验

7.4.1　实验目的

（1）学会 Keil μVision 5 和 PZ-ISP 软件的安装和使用，能够连接实验套件并能将程序下载到实验工具。

（2）理解 8051 单片机的工作原理，掌握简单的单片机程序编写。

（3）能够使用键盘将信息输入控制器中，并在七段显示器上显示，学会使用跳转和调用指令改变程序流程。

7.4.2　实验原理与内容

单片机（single chip microcomputer）直译为单片微型计算机，它将 CPU、RAM、ROM、定时器/计数器、输入/输出（I/O）接口电路、中断、串行通信接口等主要部件集成在一块大规模集成电路芯片上。单片机是一块芯片，但是它具有微型计算机的组成结构和功能。单片机的结构特点使其在实际应用中完全融入应用系统，故也称为嵌入式微控制器。

MCS-51 单片机功能模块框图如图 7-17 所示。MCS-51 单片机由 8 位 CPU、只读存储器 EPROM/ROM、RAM、并行 I/O、串行 I/O、定时器/计数器、中断系统、振荡器和时钟电路等组成。各部分通过系统总线相连。单片机共有 40 个引脚，电源线和时钟信号线 4 条，控制线 4 条，I/O 接口线 32 条。通过这些引脚可实现不同的功能。

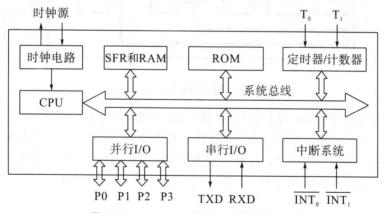

图 7-17　MCS-51 单片机功能模块框图

数码管动态显示就是轮流点亮数码管，对于每一位数码管，每隔一段时间点亮一次，利用人眼的"视觉暂留"效应，采用循环扫描的方式，分时轮流选通各数码管的公共端，使数码管轮流导通显示，当扫描速度达到一定程度时，肉眼就分辨不出来了。尽管各位数码管并非同时点亮，但只要扫描速度足够快，通常认为各位数码管是同时发光的。实验所用数码管及单片机连接电路如图 7-18 所示，只要单片机 I/O 输出段码，数码管可显示显示数字"0~9"、字符"A~F、H、L、P、R、U、Y"及小数点"."。

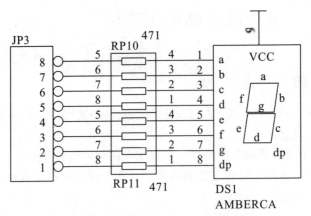

图 7-18 数码管与单片机连接电路

键盘实际上是一组按键开关的组合，通常使用触点式机械弹性开关。利用机械触点的通断实现按下时导通、释放时断开的功能。按键触点的一端和单片机的 I/O 端口引脚连接，另一端与电压信号相连，触点的通断即可引起端口引脚上的电压变化，单片机通过程序读入 I/O 端口引脚电平信号便可判断按键是否被按下以及是哪个按键产生了动作。键盘与单片机连接电路如图 7-19 所示。

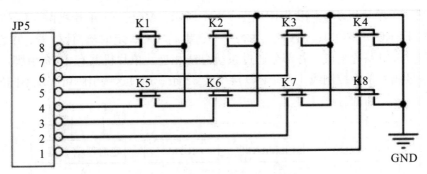

图 7-19 键盘与单片机连接电路

当键盘有按键按下时，单片机相应的输入端口变为高电平，经过译码后便可知是哪个按键按下，之后在输出端口输出指定段码，数码管会显示按键所代表的数字字母。

实验要求：编写一个程序，读取与键盘（K1~K8）状态相对应的数字作为 x，实现以下数学函数，并将 y 发送到 P0 端口，使其在 SSD 上显示出来。

$$y = \begin{cases} x^2 & 0 \leqslant x < 4 \\ x-1 & 4 \leqslant x < 11 \\ 15 & x \geqslant 11 \end{cases}$$

7.4.3 实验仪器

单片机开发实验仪（图 7-20）、编程电脑、编程软件 Keil μVision5、单片机程序烧写软件 PZ-ISP。

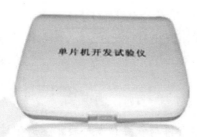

（a）HC6800EM3-V3.0主板　　　（b）ABS材料多功能外壳　　　（c）ARM核心板

图 7-20　单片机开发实验仪

7.4.4　实验方法与步骤

（1）用导线将数码管 JP3 接线端子和单片机 P0 端口相连，将键盘 JP5 接线端子与单片机 P1 端口相连接。

（2）在 Keil μVision 5 中新建工程文件，选择实验所用芯片。

（3）新建空白文档，命名为"Keyinput-SSDoutput. asm"，并在程序编写区编写控制程序。

（4）对端口 P1 写入 1，使其每个引脚作为输入。

（5）读取键盘（K1~K8）状态，存入累加器 A，寄存器中的值就是由键盘状态确定的 x 值。

（6）使用 CJNE 和 JC 指令实现所要求的数学函数。

（7）使用寄存器索引寻址方式从存储在 ROM 中的预定义表中获取 y 值，并将其送到累加器 A 中。

（8）使用寄存器索引寻址方式获取存储在 ROM 中的相应的 SSD 十六进制编码，并将其存储在累加器 A 中。

（9）将获取的十六进制编码复制到端口 P0，以显示 y 值。

（10）调用延时子程序，即 1 s 的软件延迟，重复以上过程。

7.4.5　实验记录与数据处理

记录调试合格的单片机程序，填写到实验报告中。

7.4.6　实验思考题

（1）8051 引脚有多少 I/O 接口线？它们和单片机对外的地址总线和数据总线有什么关系？地址总线和数据总线各是几位？

（2）简述累加器的 ACC 的作用。

（3）已知某单片机系统的外接晶体振荡器的振荡频率为 11. 059 MHz，请计算该单片机系统的拍节 P、状态 S、机器周期所对应的时间以及指令周期中单字节双周期指令的执行时间。

7.5 实验 5 智能小车实验

7.5.1 实验目的

（1）熟悉智能小车的硬件与软件开发环境，掌握单片机控制直流电机方法。

（2）了解单片机系统电路原理，掌握单片机 C 语言编程方法和技巧。

7.5.2 实验原理与内容

小车采用两轮驱动，两轮各有一个电机，通过调节两轮转速实现直线运动和转弯等动作。智能小车结构框图如图 7−21 所示。

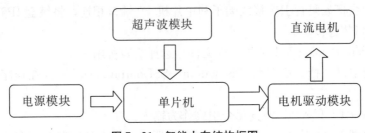

图 7−21 智能小车结构框图

（1）单片机。以 STC89S52 单片机作为主控制器，在 5 V 的供电情况下，最多支持 80 MB 的晶振，内部有 512 B 的 RAM 数据存储器，单片机内含 8 kB 可反复擦洗 1000 次的 Flash 只读存储器、1 kB 的 EEPROM、8 个中断源、4 个优先级、3 个定时器、32 个 I/O 端口，单片机自带看门狗、双数据指针等。

（2）直流电机。直流电机控制的精确度虽然没有步进电机高，但完全可以满足实验要求。直流电机的旋转速度可通过单片机的 PWM 输出来控制，从而实现对智能小车的速度控制。

（3）电源。包括单片机、L293D 芯片的电源（5 V）和电机的电源（7.2 V）。电源必须正确、稳定可靠。采用两节 3.7 V 充电电池作为电源，再用三端稳压 7805 芯片转换成 5 V 电源给单片机使用。供电系统电路图如图 7−22 所示。

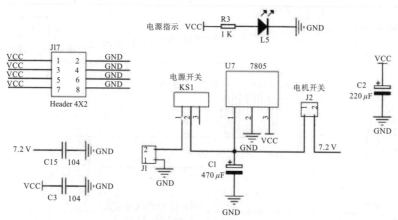

图 7-22　供电系统电路图

（4）电机驱动模块。单片机发出的 PWM 波通过 L293D 芯片来驱动电机。该驱动器为双 H 桥的高电压、较大电流的全桥驱动器。L293D 芯片可以用来驱动电感负载，如直流电机、电磁继电器等，还可以用来驱动两个直流电机，也就是说，一个芯片就可以控制电机驱动模块。电机驱动模块引脚接线图如图 7-23 所示。

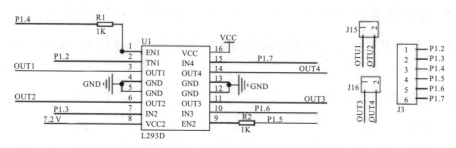

图 7-23　电机驱动模块引脚接线图

（5）超声波模块。超声波测距是利用超声脉冲回波渡越时间法来实现的。若传感器发出脉冲信号至接收的时间为 t，传播速度为 c（传播介质为空气），则可由公式 $D = \dfrac{ct}{2}$ 计算目标物体与传感器的距离。

本实验采用 HC-SR04 超声波测距模块，包括超声波发射器、接收器与控制电路，它可提供 2～400 cm 的非接触式距离感测功能，测距精度可达到 3 mm。

超声波传感器时序图如图 7-24 所示。10 μs 电平脉冲触发信号，在模块内部将发出 8 个 40 kHz 周期电平脉冲信号，即输出超声波，并检测回波信号。一旦检测到回波信号，则输出回波信号的脉冲宽度与检测距离成正比。由此，通过发射信号与收到回波信号的时间间隔来计算距离。

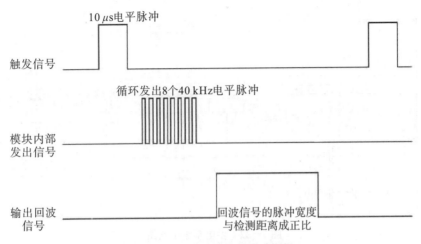

图 7-24　超声波传感器时序图

　　实验要求：以 MCS-51 单片机作为系统核心，通过超声波模块检测智能小车前是否有障碍物，并将信号反馈给单片机，单片机根据所编制程序做出反应，并将指令下达至电机驱动模块，由电机控制轮胎做出相应动作，从而实现避障的功能。

7.5.3　实验仪器

　　MCS-51 单片机智能小车循迹避障智能小车机器人学习套件、编程电脑、Keil μVision 5 与 PZ-ISP 软件。

7.5.4　实验方法与步骤

　　（1）安装实验智能小车。
　　（2）按照要求连接开发板和小车底盘信号线。安装好的智能小车外形如图 7-25 所示。

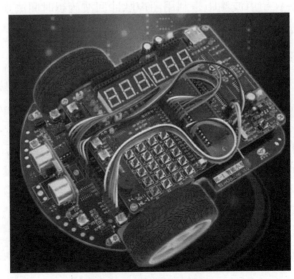

图 7-25　智能小车外形

（3）根据实验要求确定方案，例如，距离障碍物多少时开始启动避障模式以及其避障方案等。

（4）根据方案绘制编程流程图，确定每一步功能如何实现。

（5）根据编程流程图，在 Keil μVision 5 编制 C 语言程序。

（6）程序编译通过后，利用 PZ-ISP 软件和数据线烧写程序到单片机。

（7）程序烧写结束，安装电池，打开电源开关，智能小车开始运动。

（8）观察智能小车的路径和避障方案是否满足要求，不断调试程序直到最优。

（9）关闭电源开关，记录程序，拆卸智能小车，将智能小车放回包装盒。

7.5.5　实验记录与数据处理

记录实验编程流程图和最终调试合格的程序，将其写在实验报告上，并做详细注释。

7.5.6　实验思考题

（1）MCS-51 单片机是如何产生 PWM 波的？PWM 脉宽调制的原理是什么？

（2）简述 L293D 芯片是如何控制直流电机运动的。

（3）MCS-51 单片机有哪些中断？这些中断优先级是怎样的？

7.6　实验 6　机器人编程与控制实验

7.6.1　实验目的

（1）了解工业机器人工作过程，掌握机器人示教作业的操作方法。

（2）掌握机器人示教的工作原理、基本概念和在线过程。

7.6.2　实验原理与内容

机器人是一种具有高度灵活性的自动化机器，是一种复杂的机电一体化设备。机器人按机械结构层次分为串联式机器人、并联式机器人等。本实验为 FANUC 六自由度串联关节式机器人，即机器人各连杆由旋转关节串联，各关节轴线相互平行或垂直，图 7-26 为六自由度串联关节式机器人结构。

图7-26　六自由度串联关节式机器人结构

机器人的示教—再现过程可以分为四个步骤：示教、记忆、再现和操作。示教就是机器人学习的过程，操作者把规定的目标动作一步一步地交给机器人，示教的简繁标志着机器人的自动化水平。记忆就是机器人将操作者示教的各个点的信息记录在存储器中。再现就是读出存储器的信息，向执行机构发出具体指令。操作是指机器人以再现信号为输入指令，使执行机构重复示教过程规定的各种动作。示教和记忆是同时进行的，再现和操作也是同时进行的。

示教方式有主从式、编程式、示教盒式等。主从式由结构相同的大、小两个机器人组成，当操作者对主动小机器人手把手进行操作控制时，由于两个机器人所对应关节之间装有传感器，所以从动大机器人可以相同的运动姿态完成示教操作。编程式是运用上位机进行控制，将示教点以程序的格式输入计算机中，当再现时，按照程序语句一条一条地执行。示教盒式和上位机控制的方法大体一致，只是由示教盒中的单片机代替电脑，从而使示教过程简单化。

虚拟工业机器人实训工作站用虚拟技术代替真实工业机器人，通过电脑模拟机器人的动作。系统有和真实机器人一样的示教盒，操作方法也相同，同时软件设置了不同的工业场景，包括上下料、打磨、焊接、写字等场景。虚拟工业机器人实训工作站可与KUKA、安川实体机器人进行数据传输，直接下载到实体机器人进行验证。

7.6.3　实验仪器

虚拟工业机器人实训工作站（FANUC虚拟机器人）如图7-27所示。

图 7-27　虚拟工业机器人实训工作站

7.6.4　实验方法与步骤

（1）将机器人控制器的网络接口和电脑端的网络接口通过网线连接。

（2）打开机器人控制器的电源开关，启动机器人控制器和示教盒。

（3）设置电脑端的 IP 地址为"192.168.10.101"，子网掩码设置为"255.255.255.0"，默认网关设置为"192.168.10.1"。

（4）机器人控制器上电。搬运机器人，上电时按住示教盒的按键"F1"，进入搬运机器人控制系统。焊接机器人，上电时按住示教盒的按键"F2"，进入焊接机器人控制系统。

（5）打开软件客户端，启动软件程序。点击主页功能区"通信"功能的"连接"选项，打开"通信连接"界面，设置本机 IP 和端口，即 PC 电脑端的 IP 和端口，例如，本机 IP：192.168.10.101。端口：7。点击"启动"，正确则提示"成功"，错误则提示"失败"。

（6）设置目标 IP 和端口，即机器人控制器端的 IP 和端口。例如，目标 IP：192.168.10.3。端口：7。点击"连接"，若正确，信息栏的"关节值""位姿值"显示区的值与示教盒一致；否则，连接失败。

（7）连接成功后，关闭"通信"对话框，通信连接完成。

（8）点击场景功能区"搬运机器人场景"功能的"搬运/码垛"选项，三维场景显示区变为搬运/码垛应用场景。

（9）新建机器人程序"ATEST"，并选择该程序。

（10）打开 FANUC 虚拟机器人示教盒上机器人 I/O 设置界面，将输出变量 RO〔1〕设为"ON"，机器人的机械主卡爪张开。

（11）根据实验任务要求，编辑程序。

（12）机器人控制点（机器人吸盘）到工件吸取位置时，勾选信息栏标志显示区的有效点。

（13）试运行程序。在机器人示教盒的程序界面，在单步模式下，按住"Shift"和使能键，并逐次按下机器人示教盒上的按键"FWD"，验证并调试机器人程序。

（14）自动运行。在机器人示教盒的程序界面将光标移到程序首行，点击信息栏的操作面板的"模式"按钮，弹出一个选择界面，选择"自动"模式，依次按下"启动"循环开关，程序运行。

（15）若要重新操作该实验，点击场景功能区的"场景设置"中"场景初始化"选项，初始化机器人应用场景。

7.6.5　实验记录与数据处理

记录机器人示教点，导出最终程序，分析机器人的运动轨迹。

7.6.6　实验思考题

（1）通过实验总结机器人示教—再现的概念。

（2）试分析机器人的示教属于 PTP（点到点）控制还是输入 CP（连续轨迹）控制。

（3）工业机器人与数控机床有什么区别？

第8章　信号测试与零件检测实验

传感器检测技术是机电一体化不可或缺的部分，所有的自动化设备都离不开传感器。通过传感器可以实时监测系统工作状态，也可对工作的最终结果进行检测，从而解决人工检测需要大量检具、检测误差大、劳动量大等问题。本章实验从传感器信号读取、信号处理出发，学习如何通过传感器进行测量；通过机械加工领域的数控加工在线测量和齿轮测量，了解现代测量技术和方法，目的在于让学生接触传感器、了解传感器的现实应用。

8.1　实验1　工程信号测试与信号处理实验

8.1.1　实验目的

（1）了解数据采集系统的组成、原理及数据采集器 eDAQ 的性能、特点、使用方法及注意事项。

（2）掌握用数据采集器 eDAQ 和 TCE 软件进行数据采集、设备参数设置等方法。

（3）学会利用 MATLAB 进行数据信号的简单分析，得到真实信号。

8.1.2　实验原理与内容

本实验以压力传感器为物理量感知元件，将其与数据采集器 eDAQ 连接。传感器把非电信号的物理量转化为电信号，作为输入信号传送给数据采集器 eDAQ，信号经过滤波、D/A 转换、功率放大、调节等环节后，由数据采集器传输给计算机并通过 TCE 软件实时显示。同时，TCE 软件可以对数据采集器 eDAQ 的各项参数进行设置，并对测试数据进行格式转换，以便后续数据处理。本实验将数据转换为 txt 文件。

8.1.2.1　电子秤传感器 YZC-133

电子秤传感器的原理：弹性体（弹性元件、敏感梁）在外力作用下产生弹性变形，使粘贴在其表面的电阻应变片（转换元件）产生变形，导致其阻值发生变化（增大或减小），再经相应的测量电路将这一电阻变化转换为电信号（电压或电流），从而完成将外力转换为电信号的过程。电子秤传感器 YZC-133 如图 8-1 所示。它采用惠斯通全桥电路，当物料放在载物台后，4 个应变片会发生变形，产生电压并输出，电压经采样后送到计算机处理。传感器的一端通过螺丝孔固定，另一端处于悬空状态，实验按照标签指示方向通过标准砝码施加重力。

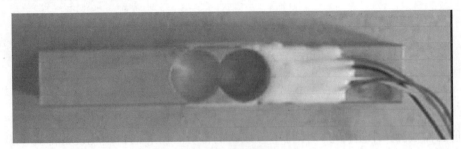

图 8-1　电子秤传感器 YZC-133

8.1.2.2　数据采集器 eDAQ

数据采集器 eDAQ 如图 8-2 所示，这是一款专为恶劣环境设计的基于 CAN 的密封独立移动数据采集系统，具备先进的信号调理功能和丰富的本机数据处理、触发、智能数据存储和复杂的计算能力，可以使用有线网、无线网、局域网进行通信，可以在恶劣的工业环境（温度范围 $-40 \sim 125 \text{℃}$）中使用，并组成灵活的分布采集系统，其保护等级为 IP67，结构小巧的 eDAQ 模块可以在非常狭小的空间内进行测量。

图 8-2　数据采集器 eDAQ

数据采集器 eDAQ 采用模块化结构，共分为五层，各部分功能如下：

（1）CH 1-4 和 CH 5-8 为热电偶，为 8 通道。

（2）BRG 为桥路层，16 通道差分输入电桥信号同步采样，各通道独立设置采样率 $0.1 \text{ Hz} \sim 100 \text{ kHz}$。可选模拟输出（EBRG-XXX-AO）。5 V、10 V 可选供电电压。每通道内置惠斯通电桥及 4 组标定电阻。

（3）HLS 为高电平，模拟信号层，16 通道差分输入高电平信号同步采样，各通道独立设置采样率 0.1 Hz~100 kHz。可选模拟输出（EHLS－AO）。3~28 V 可选供电电压，可接入信号调理模块。

（4）ECOM 为车辆总线信号采集板，集成车辆总线接口，支持 3 个 CAN2.0 车辆总线、1 个 VBM 数据总线调理模块和 1 个 GPS 接收器信号输入。

数据采集器 eDAQ 具有处理物理信号、车辆总线信号和 GPS 信号的能力，可以使用有线网、无线网、局域网进行通信，并控制 Web 服务器，无须使用电脑软件来启动/停止试验或上传数据。

8.1.2.3　数据后续处理

数据采集通常会夹杂许多干扰信号，使测量信号不准确，所以必须经过简单的数据处理来提取有用的真实信号。MATLAB 可以简单快速地进行频谱分析，从而找出真实的信号频率，再通过软件对信号进行过滤，就可得到真实的传感器信号。

8.1.3　实验仪器

（1）数据采集器 eDAQ、连接电缆。

（2）电子秤传感器 YZC－133、标准砝码。

（3）装有 TCE 软件和 MATLAB 软件的计算机。

8.1.4　实验方法与步骤

（1）将电子秤传感器 YZC－133 与数据采集器 eDAQ 连接，红色（＋）、黑色（－）为传感器驱动电压，白色（＋）、绿色（－）为传感器输出电压，分别与数据采集器 eDAQ 的 EHLS 层接口相应的色线相接，白线为信号输入线，红色为电源线，黑色为接地线，绿色为信号输入线，如图 8－3 所示。

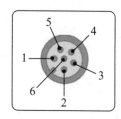

功能	Pin	接线颜色
reserved	1	棕色
+ Signal Input	2	白色
Shield	3	裸线
Ground	4	黑色
Power	5	红色
−Signal Input	6	绿色

图 8－3　数据采集器接线方式

（2）连接好计算机与数据采集器 eDAQ 后，打开应用软件 SoMat TCE v3.16.0 build435，修改 IP 地址为 192.168.100.101，子网掩码为 255.255.255.0，默认网关为 192.168.100.1，为数据采集器 eDAQ 与计算机建立通信做准备。

（3）点击 TCE 软件 按钮，点击"Add"按钮添加 IP 地址（192.168.100.100），为计算机与数据采集器 eDAQ 建立通信，如图 8－4 所示。

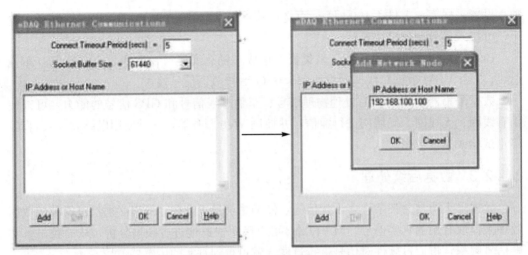

图 8-4　数据采集器 eDAQ IP 地址设置

　　（4）点击 TCE 软件上的"F1"按钮，进行"Hardware"设置，由于传感器输出信号为高电平模拟信号，故选择"HLS"（高电平层），并设置采样频率。

　　（5）点击 TCE 软件上的"F2"按钮，进行"Transducer and Message Channel"（传感器和信息通道）设置，选择"High Level SS"（高电平）通道，并选择"输入电压范围"；进入"High Level SS Channel"设置，注意"Connector"（连接头）的选择要与数据采集器 eDAQ 中"HLS"的通道号一致，"Type"（类型）选择"Force"（力），"Units"（单位）选择"N"（牛顿），传感器驱动电压设置为 5 V，然后点击"Page2"进行"Calibrate"（校准）。

　　（6）点击 TCE 软件上的"F4"，进行"Select Date Mode Type"设置，选择"Time History"（实时），如图 8-5 所示。

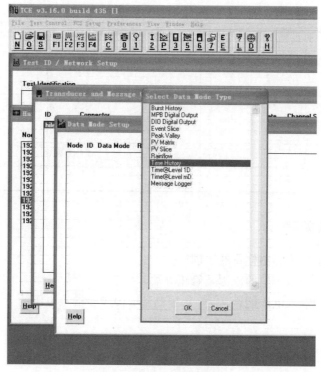

图 8—5 TCE 软件设置

（7）设置完成后，点击初始化按钮 $\boxed{\frac{I}{2}}$ 进行初始化，保证所设置参数有效。

（8）点击"Start Run"进行数据采集，通过标准砝码改变传感器的受力信号，通过点击"Time Display"观看实时测试值，点击"Stop Run"停止测试。通过"Upload Data"上传测试结果。点击"End Test"结束测试。

（9）将测试结果导入 MATLAB 软件并进行分析，找到真实信号频率，对采集信号进行过滤。

（10）测试结束后，关闭 TCE 软件，再关闭数据采集器 eDAQ 电源，卸下传感器，整理好实验器材。

8.1.5 实验记录与数据处理

记录相关的实验数据，完成下列表格。

序号	计算标准砝码重力（N）	测量得到的重力（N）	误差
1			
2			
3			
4			

（
continued
）

序号	计算标准砝码重力（N）	测量得到的重力（N）	误差
5			
6			
7			
8			
9			
10			

8.1.6　实验思考题

（1）简述电子秤传感器称重的原理。

（2）分析实验误差产生的原因及修正办法。

（3）传感器的输入电压能否从+5 V提高到+10 V？输入电压的大小取决于什么？

8.2　实验 2　数字信号分析实验

8.2.1　实验目的

（1）理解数字信号分析的基本概念，重点掌握信号频谱分析、相关分析的基本原理、性质和使用方法，了解低通/高通数字滤波器的基本原理和使用方法。

（2）学会使用 MATLAB 构建仿真数字信号（包括周期信号、低频/高频耦合信号、调制信号等），学会使用 MATLAB 调用或编写频谱分析、相关分析、时域加窗处理以及低通/高通数字滤波器函数（程序），并用这些信号分析函数（程序）对仿真信号进行分析、处理。

8.2.2　实验原理与内容

使用 MATLAB 构建仿真数字信号，然后用 MATLAB 信号分析软件包调用快速傅里叶变换、自相关/互相关分析、低通/高通数字滤波器函数或自行编写以上信号分析程序，最后用所调用的信号分析函数或自行编写的信号分析程序对构建的仿真数字信号进行频谱分析、自相关/互相关分析、低通/高通数字滤波、加 Hann 窗和矩形窗，并绘制分析图谱，如频率－幅值图、时间延迟－相关系数图、加窗效果图、数字滤波器的幅频特性和相频特性图、滤波效果图等。

8.2.2.1　频谱分析

为了研究信号的频率结构和各频率成分的幅值、相位关系，应对信号进行频谱分析，把信号的时域描述通过适当方法变成频域描述，以频率为独立变量来表示信号。

信号的表示有两种：时间域表示，如 $x(t)$，简称时域信号；频率域表示，如 $X(f)$，简称频域信号。信号频谱分析是采用傅里叶变换将时域信号 $x(t)$ 变换为频域信号 $X(f)$，从而以另一个角度来了解信号特征。对于任何一个周期为 T，且定义在区间 （$-T/2$，$T/2$）内的周期信号 $x(t)$，都可以用上述区间内的三角傅里叶级数表示：

$$x(t) = a_0 + \sum_{n=1}^{\infty}(a_n \cos n\omega_1 t + b_n \sin n\omega_1 t)$$

8.2.2.2　自相关分析

自相关分析是一种应用极为广泛的时域分析方法。信号相关性是指两种信号相互关联的程度。信号的自相关函数 $R_x(\tau)$ 为 $x(t)$ 与时移 τ 后函数 $x(t+\tau)$ 的乘积进行积分平均运算。

$$R_x(\tau) = \lim_{T \to \infty} \frac{1}{T}\int_0^T x(t)x(t+\tau)\mathrm{d}t$$

式中，T 表示信号长度。实际应用中总是取有限长度信号。自相关分析能够检出信号中的周期成分。

8.2.2.3　互相关分析

信号 $x(t)$、$y(t)$ 的互相关函数定义为

$$R_x(\tau) = \lim_{T \to \infty} \frac{1}{T}\int_0^T x(t)y(t+\tau)\mathrm{d}t$$

互相关分析可实现同频成分的检测，感官上就是波形相似性的度量，函数值的大小表示这些同频成分在信号中所占的功率大小。

8.2.2.4　低通数字滤波器

数字滤波器的常用指标为
通带 $0 \leqslant |\omega| \leqslant \omega_P$

$$1 - \delta_P \leqslant |G(\mathrm{e}^{j\omega})| \leqslant 1 + \delta_P, \text{for} |\omega| \leqslant \omega_P$$

阻带 $\omega_S \leqslant |\omega| \leqslant \pi$

$$|G(\mathrm{e}^{j\omega})| \leqslant \delta_S, \text{for } \omega_S \leqslant |\omega| \leqslant \pi$$

式中，ω_P 为通带边缘频率；ω_S 为阻带边缘频率；δ_P 为通带起伏，$\alpha_P = -20 \log_{10}(1 - \delta_P)$ 为通带峰值起伏；δ_S 为阻带起伏，$\alpha_S = -20 \log_{10}\delta_S$ 为最小阻带衰减。

数字滤波器的典型幅度响应曲线如图 8-6 所示。低通数字滤波器是一种容许低于某一截止频率的信号分量通过，而对高于该截止频率的信号分量减弱的电子滤波装置。对于不同滤波器，每个频率信号的减弱程度不同。低通滤波器有很多种，最常用的就是巴特沃斯滤波器和切比雪夫滤波器。

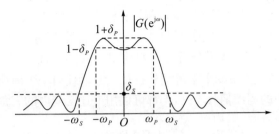

图 8-6　数字滤波器的典型幅度响应曲线

8.2.2.5　高通数字滤波器

高通数字滤波器是使高频率较容易通过而阻止低频率通过的电子滤波装置。它去掉了信号中不必要的低频成分。其特性是在时域和频域中可分别用冲激响应和频率响应描述。

8.2.2.6　加窗

自然界的信号大多是无限长（随时间无限延伸）的，而实际的数字信号处理系统只能处理有限长的信号，所以对它们进行处理之前，必须对输入信号进行分段，逐段放入系统中处理。具体做法是从信号中截取一个时间片段，然后用截取的信号时间片段进行周期延拓处理，得到虚拟的无限长信号，再对信号进行傅里叶变换及相关分析。对信号进行分段的过程称为时域加窗。时域加窗的函数为

$$\hat{x}[n] = x[n]w[n]$$

式中，$\hat{x}[n]$ 为分段后的有限长信号；$x[n]$ 为原始的无限长信号；$w[n]$ 为窗函数。几种窗函数公式如下：

矩形窗　　　　　　$w[n] = 1, \ -M \leqslant n \leqslant M$

Bartlett 窗　　　　$w[n] = 1 - \dfrac{|n|}{M+1}, \ -M \leqslant n \leqslant M$

Hann 窗　　　　　$w[n] = \dfrac{1}{2}\left(1 + \cos\dfrac{\pi n}{M}\right), \ -M \leqslant n \leqslant M$

Hamming 窗　　$w[n] = 0.54 + 0.46\cos\dfrac{\pi n}{M}, \ -M \leqslant n \leqslant M$

Blackman 窗 $w[n] = 0.42 + 0.5\cos\dfrac{\pi n}{M} + 0.08\cos\dfrac{2\pi n}{M}, \ -M \leqslant n \leqslant M$

8.2.3　实验仪器

装有 MATLAB 软件的计算机。

8.2.4　实验方法与步骤

（1）对仿真信号 $0.5\sin(2\pi \cdot 15t) + 2\sin(2\pi \cdot 40t)$ 进行频谱分析。

（2）对周期仿真信号 $\sin(2\pi \cdot 10t)$ 进行自相关分析。

（3）对同频率周期信号 $\sin(2\pi \cdot 10t)$ 和 $\sin(2\pi \cdot 10t + \frac{\pi}{4})$ 进行互相关分析。

（4）对不同频率周期信号 $\sin(2\pi \cdot 10t)$ 和 $\sin(2\pi \cdot 25t)$ 进行互相关分析。

（5）用 Hann 窗对信号 $\sin(2\pi \cdot 2500t) + 0.5\sin(2\pi \cdot 500t) + 0.5\sin(2\pi \cdot 4500t)$ 加窗，并绘制加窗后的频谱分析图。

（6）用矩形窗对信号 $\sin(2\pi \cdot 2500t) + 0.5\sin(2\pi \cdot 500t) + 0.5\sin(2\pi \cdot 4500t)$ 加窗，并绘制加窗后的频谱分析图。

（7）用低通数字滤波器滤除信号 $\sin(2\pi \cdot 500t) + 0.5\cos(2\pi \cdot 3000t)$ 中频率为 3000 Hz 的成分。

（8）用高通数字滤波器滤除信号 $\sin(2\pi \cdot 3000t) + 0.5\cos(2\pi \cdot 500t)$ 中频率为 500 Hz 的成分。

8.2.5 实验记录与数据处理

（1）绘制频谱分析图（即频率－幅值图谱或频率－功率密度图谱）。

（2）绘制自相关/互相关分析图谱，即时间延迟－相关系数图。

（3）绘制加窗效果图，即加窗后的时域波形图或加窗后的频谱分析图。

（4）绘制低通/高通数字滤波器的幅频特性和相频特性图、滤波效果图（即滤波后的时域波形图或频谱分析图）、加窗效果图（即加窗后的时域波形图或频谱分析图）。

8.2.6 实验思考题

（1）如果预先不知道周期信号的周期，如何使用傅里叶变换进行频谱分析？

（2）自相关/互相关是指信号之间的相似程度吗？在时间轴上，其代表了信号的什么特性？

（3）简述窗函数形状和滤波器长度对滤波特性的影响。给定通带截止频率和阻带截止频率以及阻带最小衰减，如何用窗函数法设计线性相位低通滤波器？

（4）如果信号经过低通数字滤波器，滤除高频分量，时域信号会有何变化？用步骤（7）的结果进行分析说明。

8.3 实验 3 数控加工在线检测实验

8.3.1 实验目的

（1）了解在线检测的原理，掌握在线检测的操作方法。

（2）掌握在线检测宏程序的功能和用法。

（3）掌握零件构成特征的在线检测程序编制。

8.3.2 实验原理与内容

在线检测也称为实时检测，是在加工过程中对刀具进行实时检测，并依据检测结果做出相应处理。在线检测是一种基于计算机自动控制的检测技术，其检测过程由数控程序来控制。在线检测的优点是能够保证数控机床精度、扩大数控机床功能、改善数控机床性能、提高数控机床效率。数控加工在线检测系统分为两种：一种是直接调用基本宏程序，而不用计算机辅助；另一种是自己开发宏程序库，借助计算机辅助编程系统，随时生成检测程序，然后传输到数控系统。

雷尼绍测头利用数控机床的跳跃信号，通过机床运行 G31 指令，触碰测头，触发机床跳跃信号，触发后的坐标位置被存储在机床宏变量的♯5063（探测触发后 Z 坐标值）、♯5062（探测触发后 Y 坐标值）、♯5061（探测触发后 X 坐标值）中，利用宏程序进行运算和存储机床及工件的数据，从而实现自动完成机床数据的变化和工件数据的测量等工作。一般测头和接收器可无线接收，信号触发后，利用数控系统内部宏程序记录机床数据，如工件坐标、机床状态等，从而高效率、高精度地完成工件的自动分中、2D 及 3D 测量，并将数据实时传回计算机 CAD/CAM 软件中进行精确的分析和程序修调；还可利用软件编写测量程序，将加工和在线检测程序结合应用于产品生产环节，以提高加工精度，减少工件找正、对刀及检测等辅助时间。

测头的使用方法如下：

（1）保护定位（测头触发监控，O9810）。

当测头在工件附近移动时，必须保护其不被碰撞。该宏程序租用就是如果发生相撞，机床就会停止。使用测头时，先将其移到安全位置，此时测头生效，调用宏程序，测头就可以移动到某个测量位置，如果发生碰撞，机床就会停止并报警。

> 指令格式：G65 P9810 X_ Y_ Z_[F_ M_]

其中，X、Y、Z 为必须输入的值。F 为所有保护定位移动的模态进给率。进给率将成为这个宏程序的模态数据，除非需要改变进给率，否则随后无须调用进给率。不得超过安装时规定的最大安全快速进给率。M 为型面进给率。F、M 为可选参数。

测头保护定位如图 8-7 所示。

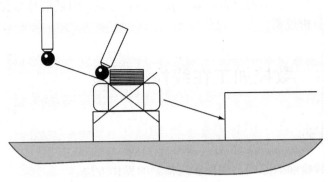

图 8-7　测头保护定位

（2）单个平面测量（O9811）。

该指令循环测量一个平面，以确定尺寸或位置。

在测头偏置有效的情况下，把测头定位到靠近表面的位置。执行循环测量该表面，完成后返回起始位置。测量过程中，有两种可能性：①表面可以被视为一个尺寸，此时刀具偏置被更新到 T（要更新的刀具号）和 H（被测型面尺寸的公差值）相结合的输入中；②表面可以看作一个基准平面位置，此时利用 S（要设定的工件偏置号）和 M（型面进给率）输入来调整工件偏置。

指令格式：G65 P9811 X_或 Y_或 Z_ ［E_F_H_M_Q_S_T_U_V_W_］

其中，E 为指定一个未使用的刀具偏置号，在该号码的全局参数中保存着测量值的调整量。Q 为当默认值不合适时，允许测头超程的距离。在查找某个平面时，测头超出期望位置。U 为公差上限，如果超过这一数值，就不会更新刀具偏置或工件偏置，且循环停止并报警。V 为不调整区，不产生刀偏调整的公差区域。

单个平面测量如图 8-8 所示。

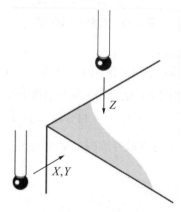

图 8-8　单个平面测量

（3）凸台/凹槽测量（O9812）。

该指令循环测量凸台和凹槽型面，它使用两次沿 X、Y 轴的测量移动。

在测头偏置有效的情况下，把测头定位到型面中心线，并位于合适的 Z 轴位置。

指令格式：G65 P9812 X_或 Y_或 X_Z_或 Y_Z_［E_F_H_M_Q_R_S_T_U_V_W_］

凸台/凹槽测量如图 8-9 所示。

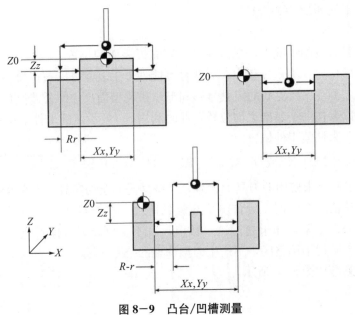

图 8−9　凸台/凹槽测量

（4）内孔/外圆测量（O9814）。

该指令用于测量内孔或外圆，它使用了四次沿 X、Y 轴的测量移动。

在测头及测头偏置有效的情况下，把测头定位到型面中心线，并位于合适的 Z 轴位置。

指令格式：G65 P9814 D_ 或 D_ Z_[E_ F_ H_ M_ Q_ R_ S_ T_ U_ V_ W_]

其中，D 为型面的名义尺寸；Z 为测量外圆时的 Z 轴绝对位置，如果省略这个参数，就会假定为一个内孔循环。

内孔/外圆测量如图 8−10 所示。

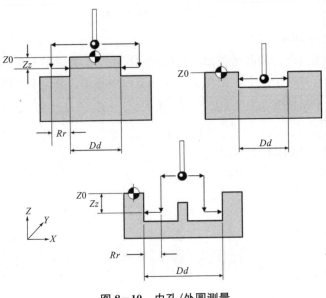

图 8−10　内孔/外圆测量

（5）内拐角测量（O9815）。

该指令用于确定型面的内拐角位置。若内拐角不是 90°，也能找到准确的拐角交叉点。

在测头偏置有效情况下，必须把测头定位于如图 8-11 所示的起始位置，先测量 Y 平面，再测量 X 平面，测量完成后回到起始位置。

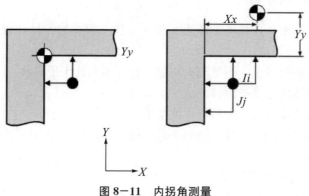

图 8-11　内拐角测量

指令格式：G65 P9815 X_Y_[B_ I_J_M_ Q_S_U_W_]

其中，B 为角度公差，对 X、Y 平面都适用，等于总公差的一半；I 为沿 X 轴到第二个测量点的增量距离；J 为沿 Y 轴到第二个测量点的增量距离。

（6）外拐角测量（O9816）。

该指令用于确定型面的外拐角位置。若外拐角不是 90°，也能找到准确的拐角交叉点。

在测头偏置有效情况下，必须把测头定位于如图 8-12 所示的起始位置，先测量 Y 平面，再测量 X 平面，测量完成后回到起始位置。

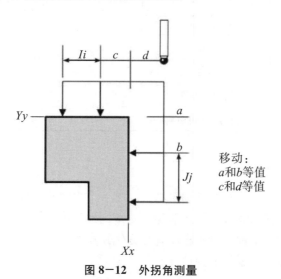

移动：
a 和 b 等值
c 和 d 等值

图 8-12　外拐角测量

注：起始点建立了到第一个测量位置的距离。

指令格式：G65 P9816 X_Y_[B_I_J_M_Q_S_U_W_]

8.3.3 实验仪器

数控机床、OMP60 在线测头、计算机、U 盘。

8.3.4 实验方法与步骤

（1）安装工件和测头，被测工件为实验 4.5 加工完成的零件，包含凹槽/凸台、内孔/外圆、内拐角和外拐角。

（2）开启测头进行校正，测试测头功能，保证测头处于正常状态。

（3）根据零件形状选择被测特征。

（4）根据测头使用说明，编写特征测量程序。

（5）将程序导入机床，并且移动测头进入规定区域内。

（6）运行测量程序。

（7）通过 U 盘导出测量结果。

（8）利用检具再次测量该特征，记录测量数据。

（9）选定另一特征，重复步骤（4）～（8），直到所有特征测量完毕。

（10）关闭测头和机床。

8.3.5 实验记录与数据处理

根据实验数据，完成下列表格。

特征	测量项目	测头测量结果（mm）	检具测量结果（mm）
工件单个面	工件长、宽		
凸台	宽度、高度		
凹槽	宽度、高度		
内孔	直径		
外圆	直径		
内拐角	内拐角点间距离		
外拐角	内拐角点间距离		

8.3.6 实验思考题

（1）比较测头测量结果和检具测量结果，哪一个更精确？为什么？

（2）用测头检测曲面时，怎样才能保证测量结果的可靠性？

（3）在线测头与三坐标测量机相比有什么优缺点？

（4）怎样利用测头测零件的圆柱度？

8.4　实验 4　小模数齿轮检测实验

8.4.1　实验目的

（1）了解 YS3002A 型小模数齿轮测量机的工作原理、技术特性和结构特征。

（2）掌握电子展成法测量圆柱齿轮的齿廓、螺旋线及齿距误差。

（3）学会对渐开线齿廓公差带（K 形图）、渐开线齿廓凸度（C_a）、螺旋线公差带（K 形图）、齿轮鼓度（C_β）等项目参数的评定。

8.4.2　实验原理与内容

8.4.2.1　测量机的工作原理

YS3002A 型小模数齿轮测量机不同于机械传动式齿轮测量仪，其采用微机数控的电子展成法来测量圆柱齿轮的渐开线齿廓偏差、螺旋线偏差、齿距偏差。数控系统具有四轴可控、两轴联动功能。

8.4.2.2　渐开线测量原理

如图 8-13(a) 所示，一条直线在圆周上做无滑动纯滚动时，直线上某一点的轨迹则为渐开线，即 $\overset{\frown}{AB} = AC$。如图 8-13（b）所示，在测量机中，被测齿轮同轴装夹在装有圆光栅编码器的主轴上，主轴由电机经蜗轮、蜗杆副驱动，电感测头与切向光栅尺一起被锁连在切向滑板上，由切向电机驱动，而测头靠测力与该齿轮被测齿面接触，测量时，主轴转动，切向滑板受控沿渐开线法线移动，由电感测头检测偏差。实际上，在测头沿渐开线连续运动的同时，计算机以很短的时间间隔逐点对圆光栅、长光栅及电感进行持续的同步采样，当测量结束后，再经误差处理，最后显示输出检验结果。

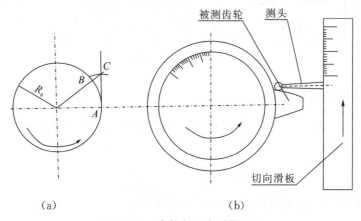

（a）　　　　　　　　　　　　　　（b）

图 8-13　齿轮渐开线测量原理

如图 8-14 所示，齿轮渐开线齿廓测量过程如下：

（1）手动控制 X 轴及 Z 轴移动，使测头移动到被测齿轮的齿顶圆范围外，并与被测齿面对应的水平位置。

（2）自动控制 Y 轴移动，测头与被测齿面相接触。

（3）自动控制 A 轴及 Y 轴联动，测头找到分度圆位置。

（4）自动控制 A 轴及 Y 轴两轴联动，测头向齿根靠近，寻找到起始测量位置。

（5）自动控制 A 轴及 Y 轴两轴联动，进行齿廓测量。

（6）当 A 轴及 Y 轴两轴联动使测头滑过齿顶时，测量停止。

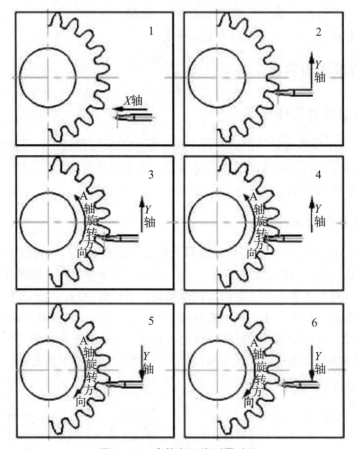

图 8-14　齿轮渐开线测量过程

8.4.2.3　螺旋线测量原理

如图 8-15(a) 所示，对于同一斜齿轮，虽然螺旋角因其半径不同而变化，但其导程 H 是不变的，即

$$H = \frac{\pi d_b}{\tan \beta_b} = \frac{\pi d_f}{\tan \beta_f}$$

式中，H 为导程；d_b 为基圆直径；d_f 为分度圆直径；β_b 基圆螺旋角；β_f 为分度圆螺旋角。

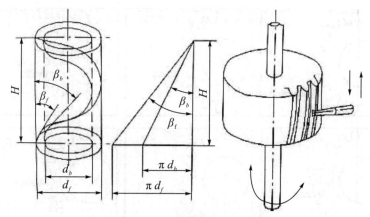

图 8-15　齿轮螺旋线测量原理

由此可见，测量机的主轴与垂直滑板的两轴联动，是根据上述关系形成的一个标准螺旋线运动，且被锁连在垂直滑板上的电感测头与被测工件的实际螺旋线表面相接触［图 8-15(b)］，则标准运动与实际表面螺旋线之差就能通过电感显现出来，测量时，电感测头与被测齿轮在分度圆齿面上相接触，在齿轮转动（指斜齿轮测量，如果是直齿轮测量，则 A 轴不转）时，测头沿 Z 轴方向同步移动，直至完成一个行程（被测工件的齿宽）的位移。螺旋线自动测量的全过程与齿廓测量一样，均由计算机控制完成。

8.4.2.4　测量齿距累积误差及各齿分度误差的原理

被测齿轮与圆光栅编码器同轴（A 轴）进行分齿转动，在分齿（角度）定位下，X 轴连带电感测头做径向移动，触测每个齿面在分度圆上的位置偏差，测量中，计算机对各测点逐一进行圆光栅、长光栅及电感的同步采样及数据处理，并实时显示已测齿的误差及累积误差曲线，测量结束后显示及可输出完整的检验报告。

如图 8-16 所示，齿距测量（单独选项）中分齿转动过程如下：

（1）手动控制 X 轴及 Y 轴移动，使测头处于被测齿轮的齿顶圆范围外。

（2）自动控制 Y 轴移动，测头找到与被测齿轮的第一齿右齿面相接触的位置。

（3）自动控制 A 轴与 X 轴两轴联动（走一段渐开线），测头找到齿轮分度圆的位置。

（4）A 轴自动反向旋转，测头与被测最末齿左齿面分度圆接触，确定起始测量点的角度参考位置。

（5）自动控制 X 轴，测头退离齿面，结束在第一个齿隙内的测量。

（6）A 轴自动转过一个齿位，测头自动向左移动找到第二个齿右齿面分度圆的位置。

（7）A 轴反向转动，测头找到第一个齿左齿面分度圆的位置。

（8）按步骤（5）～（7）循环，直至测头第二次与被测最末齿左齿面分度圆接触，测量后再向右移，退离齿面并停止，结束测量。

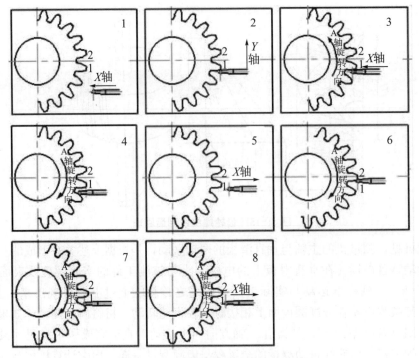

图 8-16　齿轮测量中分齿转动过程

8.4.2.5　齿廓、螺旋线及齿距的综合测量（连续测量）功能

在计算机上操作"选择测量"项目时，把齿廓、螺旋线、齿距都选为测量项目，只需一次工件装夹，就可自动把被测齿轮的齿廓偏差、螺旋线偏差、齿距偏差依次检测出来，初始操作与前述单项测量一致，之后用鼠标单击"自动测量"按钮，则多参数的连续测量被启动，当齿距偏差测量结束时自动停机，从而完成全部综合测量。

8.4.3　实验仪器

YS3002A 型小模数齿轮测量机、被测齿轮、芯轴。

8.4.4　实验方法与步骤

8.4.4.1　测量前的准备和检查

测量机在使用前需保证各导轨面清洁，检查整机各个部分是否有异常，各插接头、电缆线及开关是否完好，接插是否正确无误。

8.4.4.2　启动设备

接通位于主机左侧的总电源开关，主机面板的绿色"手动"状态灯被点亮，然后开启计算机及打印机，经计算机操作进入相关齿轮测量程序的待机提示状态，此时测量机的整机上电启动结束。测量项目的选择、参数的输入及初始基准坐标的建立可依照程序初始界面的选项提示操作。

8.4.4.3 修正测量机的零点位置

修正测量机的令点位置的方法有两种：一是通过标准芯杆来修正；二是通过校准球杆来修正。用鼠标单击软件界面的按钮 ，弹出如图 8-17 所示窗口，通过两种方法选择修正机器零点位置，在各单独测量项目里也可以修正机器零点位置。

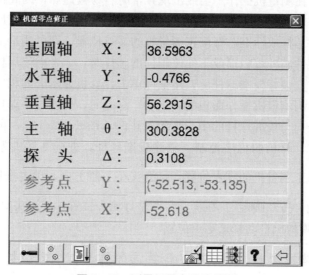

图 8-17 测量机零点修正界面

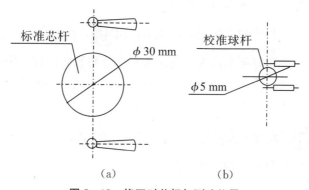

图 8-18 修正时芯杆与测头位置

1. 通过标准芯杆来修正测量机的零点位置（用测量机标准芯杆附件）

当测量机操作面板的"手机"灯亮时，先通过手动操纵杆来调整移动测头，测头在径向上与标准芯杆的中心大致对正［图 8-18(a)］，再按"开始测量"，则电感测头就会在计算机程序的控制下触测标准芯杆，进行测量机零点位置的自动修正。标准芯杆的中心就是主轴（A 轴）的回转中心，也是电感测头在径向（X 轴）和切向（Y 轴）的相对零点位置，在建立好零点位置的基础上，测量机每次均可自动找出被测齿轮的基圆位置，当测量渐开线时，电感测头随切向滑板移动，并以主轴回转中心为对称点，则其在左、右齿面的切向展开长度相同。

通过标准芯杆修正测量机的零点位置，鼠标单击按钮 ，在弹出的界面输入芯杆的直径，按"确定"按钮，在操作台上调整好测头位置，使测头对准标准芯杆的径向位置，按"开始测量"开始自动修正测量机的零点位置。

2. 通过球面来修正测量机的零点位置（用校准球杆附件）

由于校准球杆在测量机操作不当或出现异常时容易被撞坏，因此校准球杆在测量机出厂时常作为附件，而不安装在测量机上。一般情况下，当工件芯杆尺寸精度高于8级时，均可通过工件芯杆或标准芯杆修正测量机的零点位置，即可测量工件，最好不用校准球杆。只有当工件芯杆较粗糙或不便使用标准芯杆时，才考虑使用校准球杆来修正测量机的零点位置。安装好校准球杆后，用鼠标单击计算机显示屏的相应按钮，按照弹出窗口的提示操作，当测量机操作面板的"手动"灯亮时，先通过手动操纵杆来调整移动测头，当测头在径向与校准球杆的中心大致对正时［图8-18(b)］，再按"开始测量"，则电感测头就会在计算机的程序控制下触测校准球杆，进行测量机零点位置的自动修正。通过球面来修正测量机的零点位置，且测头在 Y 轴方向，单击按钮 ，在弹出的窗口输入球面直径，按"确定"。在操作台调整好测头位置，使测头对准球面径向位置，按"开始测量"，测量机自动修正零点位置。

8.4.4.4 用芯棒检测上、下顶尖的连线误差并设置小数位数显示格式

1. 用芯棒检测上、下顶尖的连线误差

用芯棒检测上、下顶尖的连线误差，单击按钮 ，在弹出窗口输入芯棒直径，按"确定"。在操作台上调整好测头位置，使测头对准球面径向位置，按"开始测量"自动测量一端面的零点位置。重复上一步操作，齿轮参数中显示修正数据。

2. 设置小数位数显示格式

单击按钮 ，在弹出窗口设置小数位数显示格式，"＊.＃＃"表示显示两位小数，"＊.＃＃＃"表示显示三位小数，依此类推。

8.4.4.5 圆柱齿轮的测量

在应用程序管理界面单击圆柱齿轮图标，弹出"小模数齿轮测量"界面，选择"测量"菜单"样板"，设置被测齿轮标准样板，如图8-19所示进行选择。

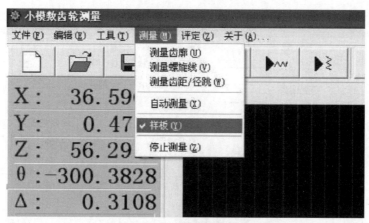

图 8-19 设置被测齿轮标准样板

齿轮参数包括齿轮模数、齿数、压力角、齿宽、螺旋角、旋向、变位系数、分度圆半径、基圆半径、齿顶圆直径、齿顶展开长度等。单击工具条 按钮，显示如图 8-20 所示窗口。

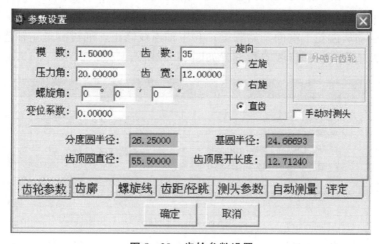

图 8-20 齿轮参数设置

齿廓参数包括起测点、终测点，起评点、终评点，通过配对齿轮和齿条啮合计算起评点计算起评点。齿廓参数设置如图 8-21 所示。

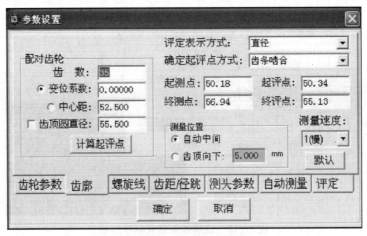

图 8-21 齿廓参数设置

螺旋线参数主要包括：①按下出头自动测量，当测头直径够大（大于 1 mm）时，可以选择该选项进行测量；②从齿上端面向下偏移，一个设定数值，当齿轮下端面不出头时，可以选择该选项进行测量；③自定义向上偏移，一个设定数值，当齿轮两端面都不出头时，可以选择该选项进行测量；④螺旋线测头直径设定，当实际测头直径小于该直径时，将自动从齿轮下端面开始测量；⑤主轴连线修正，通过测量主轴连线计算出的值，也可以人工修改。螺旋线参数设置如图 8-22 所示。

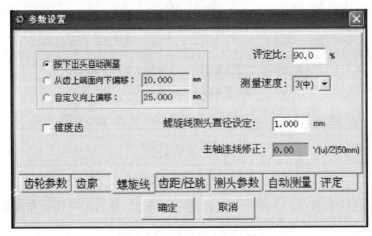

图 8-22 螺旋线参数设置

齿距/径跳参数包括 K 齿评定、齿距齿顶距离、测量速度。齿距/径跳参数设置如图 8-23 所示。

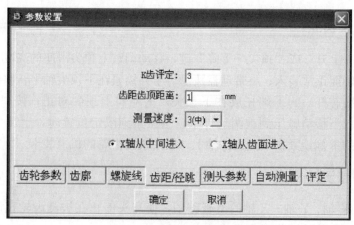

图 8-23 齿距/径跳参数设置

测头参数包括测头直径。测头参数设置如图 8-24 所示。

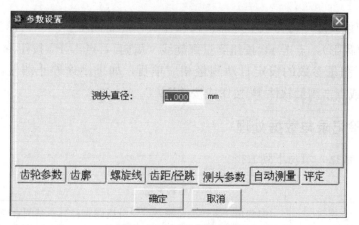

图 8-24 测头参数设置

自动测量参数包括是否测量齿廓左右面、是否测量螺旋线左右面、是否测量齿距/径跳左右面。自动测量参数设置如图 8-25 所示。

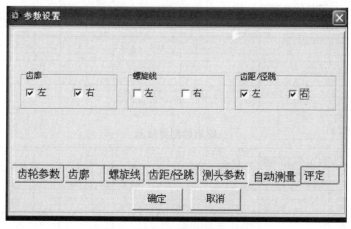

图 8-25 自动测量参数设置

8.4.4.6　装卡齿轮

按"顶尖→上升"或"顶尖→下降"键，移动调整上顶尖滑座的高度位置，使被测工件（齿轮）轴能正常装入；将带动器拨盘装卡并锁紧在下顶尖轴上；将装好齿轮的被测工件轴（标准芯杆）的下端托放在下顶尖，上端与上顶尖对正；按"顶尖→下降"键，使上顶尖向下移动触压到被测工件轴，当压紧到限定位置时，上顶尖移动自动停止；将带动器的卡箍锁紧在被测工件轴上，结束被测齿轮的机上装卡。

8.4.4.7　调整测头位置

手动调整 X 轴、Y 轴、Z 轴的滑板移动，使测头停止在被测齿轮宽度所对应的高度范围内及被测齿轮外圆附近位置。

8.4.4.8　测量

测量参数设置好，齿轮装卡好后，按操作台"开始测量"或点击测量软件 ▶w 按钮测量齿廓（齿形），点击 ▶̇ 按钮测量螺旋线（齿向），点击 ▶| 按钮测量齿距，点击 ▶ 按钮按照测量参数的设定自动测量相应项目，如果中途停止测量，可按操作台"停止测量"或点击测量软件 ‖ 按钮或按"ESC"。

8.4.5　实验记录与数据处理

根据实验数据，填写下列表格。

被测齿轮参数

齿数	模数	螺旋角	变位系数	分度圆直径	基圆直径	测头直径

齿廓测量数据

测量项目	评定公差等级 （　）数据	左1	左2	左3	左4	左平均	右1	右2	右3	右4	右平均	实际测量等级
齿廓总偏差 F_a												
齿廓形状偏差 f_{fa}												
齿廓倾斜偏差 f_{Ha}												

螺旋线测量数据

测量项目	评定公差等级 （　）数据	左1	左2	左3	左4	左平均	右1	右2	右3	右4	右平均	实际测量等级
螺旋线总偏差 F_a												
螺旋线形状偏差 f_{fa}												

测量项目	评定公差等级（　）数据	左1	左2	左3	左4	左平均	右1	右2	右3	右4	右平均	实际测量等级
螺旋线倾斜偏差 $f_{H\alpha}$												

齿距/径向跳动测量数据

测量项目	左偏差	评定公差等级（　）数据	右偏差	实际测量等级
齿距累积总偏差 F_p				
单个齿距偏差 f_{pt}				
齿距累积偏差 f_{pk}（任意 k 个齿距的偏差）				
齿轮径向跳动 F_r			—	

8.4.6　实验思考题

（1）用齿轮测量机测量齿轮时，选用齿轮的什么表面作为测量基准？

（2）测量齿距累积总偏差 F_p 与单个齿距偏差 f_{pt} 的目的是什么？

（3）齿轮径向跳动产生的原因是什么？对齿轮传动性能有什么影响？

（4）齿廓偏差产生的原因是什么？对齿轮传动性能有什么影响？

（5）螺旋线偏差产生的原因是什么？对齿轮传动性能有什么影响？

第9章 综合及创新设计实验

综合及创新设计实验突破课程章节和课程组的限制，以机械工程专业课程体系为依据，将多门课程内容进行综合，强调自行开发和设计实验。实验从难度和强度方面都比前几章的实验有所增加，内容上按照由低年级到高年级来安排。通过此部分实验加强同学们对所学课程的综合运用，体现创新意识，同时开阔眼界。

9.1 实验1 机械方案设计及优化实验

9.1.1 实验目的

（1）加深学生对机构组成原理的认识，进一步了解机构的组成及其运动特性。

（2）加深学生运用实验方法研究分析机械的能力。

（3）培养学生用实验方法构思、验证、确定机械运动方案的能力。

（4）培养学生用电机等电器元件及气缸、电磁阀、调速阀和压缩机等气动元件组装动力源，并对机械进行驱动和控制的能力。

（5）培养学生的工程实践动手能力。

（6）培养学生的创新思维及综合设计能力。

9.1.2 实验原理与内容

机械方案能否实现，机构设计是关键，而机构形式设计是重要环节。常用的机构形式设计方法有机构的选型和机构的构型。

9.1.2.1 机构形式设计的原则

（1）机构尽可能简单，机构运动链尽量简短，应优先选用构件数和运动副数最少的机构。选择适当的运动副，高副机构能减少构件数和运动副数，设计简便，但低副机构的运动副元素加工方便、配合精度高、承载能力强，选用时应全面衡量，扬长避短。选择适当的原动件，原动件不仅局限于传统电动机驱动，还可采用气压或液压缸。不要仅局限于刚性机构，还可选用柔性机构和利用光、电、磁等原理工作的广义机构。

（2）尽量缩小机构尺寸，如用周转轮系代替普通定轴轮系。

（3）使机构具有较好的动力学特性，一是采用传动角较大的机构，以提高机器的传力效益，减少功耗；二是采用增力机构，即瞬时有较大机械增益的机构；三是采用对称布置的机构，以减少运转过程中的动载荷和振动。

9.1.2.2 机构的选型

将各种机构进行分类，依据为运动特性或可实现功能。再根据原理确定的执行机构所需运动特性或需要实现的功能，比较满足这些要求的机构，选择最合适的机构形式。

9.1.2.3 机构的构型

当选出的机构形式不能完全实现预期要求或存在机构复杂等缺点时，可重新构建机构形式。构建方法如下：

（1）机构组合。

将两种以上基本机构进行组合，利用各自优点，构建既能满足方案要求又能克服基本机构缺陷的新机构。

（2）机构变异。

机构倒置：选用不同的构件作为新的机架。

机构扩展：在原有机构的基础上，增加新的构件构成新机构。

机构局部结构改变：将直线槽换为曲线槽。

运动副变异：高副低代。

平面机构都是由若干个基本杆组依次连接到原动件和机架上构成的。机构具有确定机械运动的条件是机构的自由度等于原动件数量。所以机构由机架、原动件和自由度为零的构件组组成。自由度为零的构件组可继续拆分，直到获得最简单的自由度为零的构件组，即基本杆组。

组成平面机构的基本杆组应满足以下条件：

$$F = 3n - 2P_L - P_H = 0$$

式中，n 为杆组中的构件数；P_L 为杆组中的低副数；P_H 为杆组中的高副数。

常见的几种基本杆组如下：

①高副杆组：$n = P_L = P_H = 1$，如图 9-1 所示。

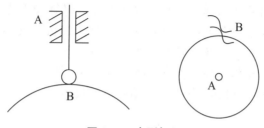

图 9-1 高副杆组

②低副杆组：杆组中的运动副全部为低副。当 $n=2$、$P_L=3$ 时，基本杆组称为Ⅱ级组，Ⅱ级组有如图 9-2 所示的 5 种不同类型；当 $n=4$、$P_L=6$ 时，基本杆组称为Ⅲ级组，常见的Ⅲ级组如图 9-3 所示。

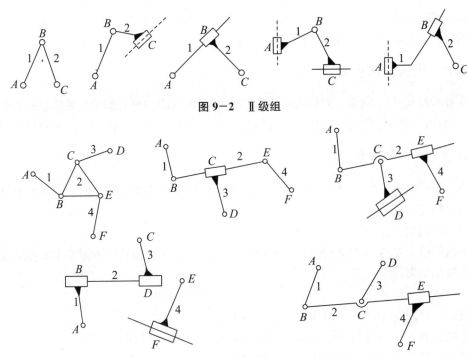

图 9−2 Ⅱ级组

图 9−3 Ⅲ级组

杆组的拆分：先计算机构的自由度，确定原动件，从远离原动件的构件开始拆分。从低级别杆组开始，依次拆分高一级的杆组，即先拆Ⅱ级组，再拆Ⅲ级组。每拆分出一个杆组后，留下的部分仍应是一个与原机构有相同自由度的机构，直至全部杆组拆分只剩下原动件和机架为止。最后确定机构的级别，如最高级别为Ⅱ级组，则此机构为Ⅱ级机构。假如机构中含有高副，可以根据一定条件将机构的高副以低副来代替，再进行杆组拆分。

杆组的正确拼装：根据事先拟定的机构运动简图，利用提供的零件按机构运动的传递顺序进行拼装。拼装时，通常先从原动件开始，按运动传递规律进行。

9.1.3 实验仪器

机械方案创意设计模拟实施实验仪，系列功率、转速微型电机和遥控发射、接收机，系列行程微型气缸、气控组件、调速阀和空气压缩机等气动元件，钢板尺、量角器、游标卡尺，扳手、镊子、螺丝刀等工具。

机械方案创意设计模拟实施实验仪的使用如下：

（1）机架。图 9−4 为机架组件和零件箱的待用状态。

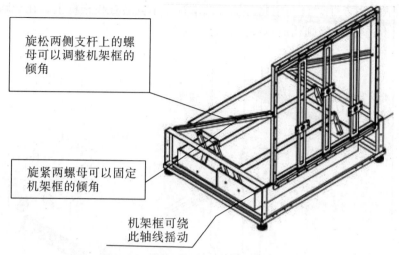

旋松两侧支杆上的螺母可以调整机架框的倾角

旋紧两螺母可以固定机架框的倾角

机架框可绕此轴线摇动

图 9-4　机架组件和零件箱的待用状态

（2）二自由度调整定位基板。基板可以在机架框内以横、竖两个自由度调整到合适位置。图 9-5 为安装在机架框内的二自由度导轨基板组件。在纵向导轨两端各装有两个滚轮，这些滚轮均可在横向导轨的空腔内滚动；旋松六角螺钉，可拨动纵向导轨，带着基板左右移动到所需位置；拧紧六角螺钉，纵向导轨则被固定成机架导轨。旋松基板上的四个沉头螺钉中的上面两个，可以灵活拨动基板上下移动到所需位置；拧紧这两个沉头螺钉，基板则被固定成为机架的一部分。

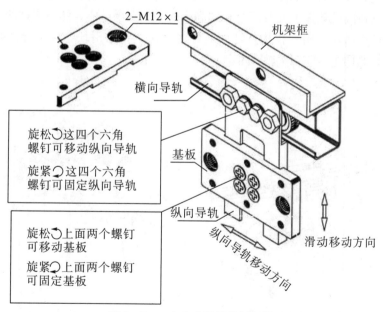

2-M12×1

机架框

横向导轨

旋松↻这四个六角螺钉可移动纵向导轨

旋紧↺这四个六角螺钉可固定纵向导轨

基板

旋松↻上面两个螺钉可移动基板

旋紧↺上面两个螺钉可固定基板

纵向导轨

纵向导轨移动方向

滑动移动方向

图 9-5　二自由度导轨基板组件

（3）轴线固定的导路杆。如图 9-6 所示，在一块基板的一个 M7 螺孔上安装一个 M5 支承基座，又在机架框的一个 $\phi 8$ 通孔上安装另一个 M5 支承基座。注意，这两个 M5 支承基座的高度必须相等，才能保证固定导路杆与基准平面平行。也可以将导路杆支承安装在两块基板上，还可以将导路杆两端都支承安装在机架框上。在导路杆上安装滑块（必须事先套好），则构成轴线固定的移动副。

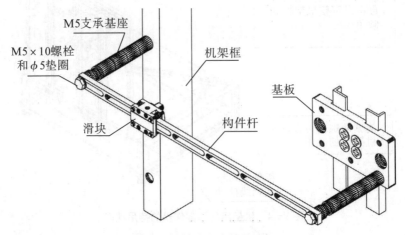

图 9-6 轴线固定的导路杆

（4）轴线固定的导路孔（直接安装在 M5 支承基座上并调整）。当导杆受力不大时，如图 9-7(a)所示，可以只用一个偏心滑块构成单滑块固定导路孔。在滑板或机架框上旋紧安装一个高度合适的 M5 支承基座，将一个 M5×10 螺栓套上 ϕ5 垫圈穿过滑块柄的长孔，再旋进支承基座的 M5 螺孔，调整后旋紧固定。构件杆穿过滑块孔形成移动副。当导杆受力较大时，如图 9-7(b)所示，可以用两个偏心滑块构成一个双滑块固定导路孔。在基板或机架框上安装两个相同高度的 M5 支承基座，然后在这两个支承基座上分别安装偏心滑块，用一根构件杆同时穿过这两个偏心滑块，保证导路孔的两段同轴，调整后拧紧两个 M5×10 螺栓固定。

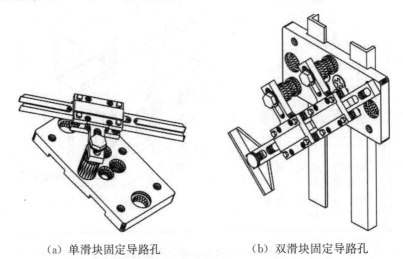

（a）单滑块固定导路孔   （b）双滑块固定导路孔

图 9-7 直接安装在 M5 支承基座上固定导路孔

（5）轴线固定的主动铰链。如图 9-8 所示，将主动定铰链的铰链套的 M12×1 外螺纹旋入滑板上的 M12×1 螺孔，再逐步在水平、竖直两个自由度调整并固定基板——

主动定铰链的位置。

（5）轴线固定的从动铰链。用从动定铰链将从动定铰链的铰链套的 M7 外螺纹旋入滑板上的 M7 螺孔，或旋入偶数层 M7 支承基座的螺孔，如图 9－9 所示。用活动铰链，将活动铰链的铰链轴的扁形截面 M7 外螺纹伸过垫块，转动垫块将其旋入基板或支承基座上的 M7 螺孔并旋紧，可将活动铰链固定铰接在基板或机架框上，活动铰链的 M7 螺孔对外，可以与一根构件杆或偏心滑块柄相连，如图 9－10(a)～(d)所示；用活动铰链，将活动铰链的铰链轴的扁形截面 M7 外螺纹伸过固定导路杆的长孔后与铰链螺母的 M7 螺孔并旋紧，将活动铰链铰接在固定导路杆上，活动铰链的 M7 螺孔对外，可以与另一根构件杆或偏心滑块柄相连，如图 9－10(e)(f)。用套筒轴组件，如图 9－11 所示，将套筒轴组件的从动轴的扁形截面 M7 外螺纹伸过固定导路杆的长孔后与铰链螺母的 M7 螺孔并旋紧，将从动轴固定在固定导路杆上，然后将带键套筒装在从动轴上。

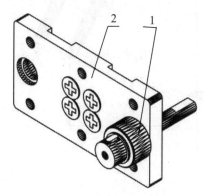

1－单层主动定铰链；2－基板

图 9－8　轴线固定的主动铰链

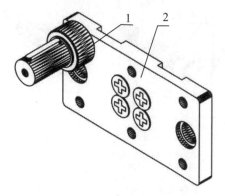

1－基板；2－三层从动定铰链

图 9－9　用从动定铰链作轴线固定的从动铰链

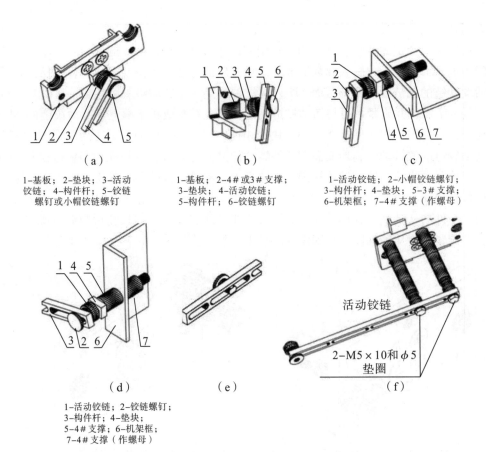

（a）
1-基板；2-垫块；3-活动
铰链；4-构件杆；5-铰链
螺钉或小帽铰链螺钉

（b）
1-基板；2-4#或3#支撑；
3-垫块；4-活动铰链；
5-构件杆；6-铰链螺钉

（c）
1-活动铰链；2-小帽铰链螺钉；
3-构件杆；4-垫块；5-3#支撑；
6-机架框；7-4#支撑（作螺母）

（d）　　　　（e）　　　　（f）
1-活动铰链；2-铰链螺钉；
3-构件杆；4-垫块；
5-4#支撑；6-机架框；
7-4#支撑（作螺母）

2-M5×10和φ5
垫圈

图 9-10　用活动铰链作从动铰链的方法示意图

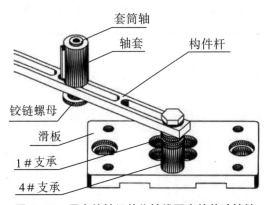

套筒轴
轴套
构件杆
铰链螺母
滑板
1#支承
4#支承

图 9-11　用套筒轴组件作轴线固定的从动铰链

（6）多铰链杆。共线多铰链杆的组装步骤为：选择适当长度的构件杆，将铰链螺钉的扁形截面外螺纹伸过构件杆的长孔，捏住构件杆使其外螺纹与活动铰链的铰链套的内螺纹旋合，也可以将活动铰链的铰链轴的扁形截面外螺纹伸过构件杆的长孔，捏住构件杆使其外螺纹与铰链螺母的内螺纹旋合，如图 9-12 所示。扁形截面外螺纹在构件杆的长孔内滑动到合适位置，再与内螺纹旋紧，实现两铰链中心距离的无级调整。不共线多铰链杆的组装还需要使用杆接头和垫块或另一根构件杆以及标准件，如图 9-13 所示。

从动活动铰链、复合铰链、隔层铰链如图 9-14 所示。

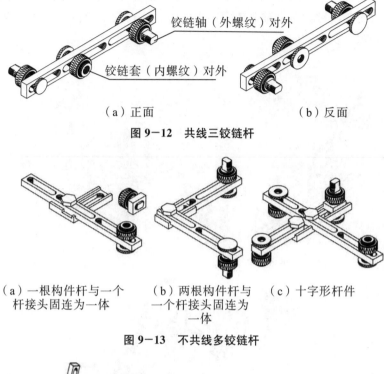

（a）正面 （b）反面

图 9-12 共线三铰链杆

（a）一根构件杆与一个 （b）两根构件杆与 （c）十字形杆件
杆接头固连为一体 一个杆接头固连为
一体

图 9-13 不共线多铰链杆

图 9-14 从动活动铰链、复合铰链、隔层铰链

（7）轴线运动的移动副和复合低副。将带铰滑块或偏心滑块套装在构件杆上，就组装成如图 9-15 所示的轴线运动的移动副和复合低副。

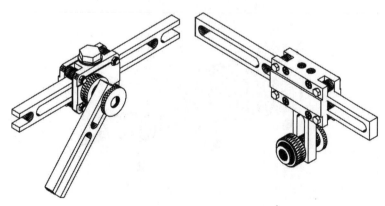

图 9-15 轴线运动的移动副和复合低副

（8）齿轮、齿条。齿轮、齿条的安装如图9−16所示，安装好主动定铰链轴、从动定铰链轴或套筒轴组件，将相互啮合的一对齿轮的孔分别套装在各自带键轴头或套筒上，注意将齿轮的内键槽对准轴头或套筒上的键，实现周向定位，由轴头或套筒轴的轴肩以及挡片和螺钉实现轴向定位。

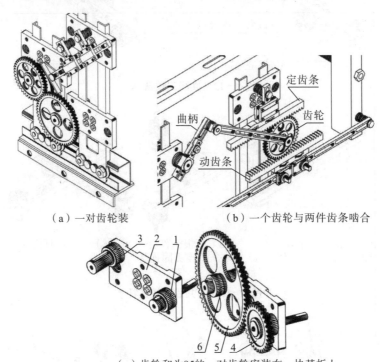

（a）一对齿轮装　　　　　　（b）一个齿轮与两件齿条啮合

（c）齿轮和为95的一对齿轮安装在一块基板上

1—单层主动定铰链；2—基板三层从动定铰链；4—Z30齿轮；5—Z65齿轮；6—齿凸垫套

图9−16　齿轮、齿条的安装

（9）蜗杆、蜗轮。蜗杆的安装如图9−17所示，在蜗杆的有（无）轴端将铰链螺钉（1#支承或3#支承）的M7扁（圆）形截面外螺纹套上垫片再穿过L形蜗杆支座的安装孔后旋入基板的M7螺孔，将蜗杆组件固定在基板上。蜗轮的安装方法与齿轮相同。

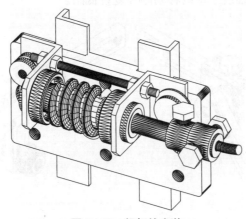

图9−17　蜗杆的安装

（10）凸轮机构。凸轮的安装方法与齿轮相同。滚子推杆的安装如图 9-18 所示，凸轮滚子轴的扁形截面外螺纹伸过构件杆的长孔，捏住构件杆使其外螺纹与铰链螺母的内螺纹旋合。平底推杆的安装如图 9-19 所示，将加长铰链螺钉的扁形截面外螺纹伸过构件杆的长形孔，又伸过平底的长形孔，再与铰链螺母的内螺纹旋合。摆动推杆是前文已述的连架从动转杆。移动推杆安装在导路孔中。

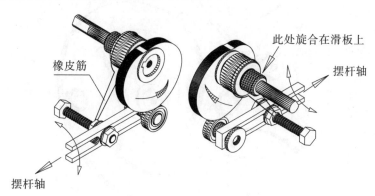

图 9-18　滚子推杆的安装

注：本图未画出作摆杆轴的活动铰链。

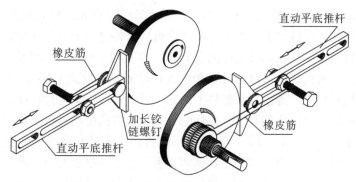

图 9-19　平底推杆的安装

注：本图未画出作推杆导路的偏心滑块。

（11）带传动机构。如图 9-20 所示，安装皮带时，将两个皮带轮的中心距调整到选定的公称值。将对应的皮带先绕在小皮带轮的带槽，再绕大皮带轮约 1/3，此时皮带绷直，否则需调整中心距。压住大皮带轮上的皮带同时转动大皮带轮，将皮带套好。

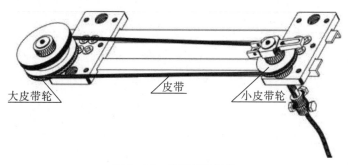

图 9-20　皮带传动机构

（12）槽轮机构。实验仪配置带 2 个转销的拨盘和有 4 个槽的槽轮。拨盘和槽轮组装如图 9-21 所示。一组拨盘和槽轮不在同一基板的安装方法以及位置、中心距的调整方法与一对齿轮相同。调整的标准是使拨盘上的外锁止弧与槽轮上的内锁止弧之间的间隙为 0.1~0.4 mm。

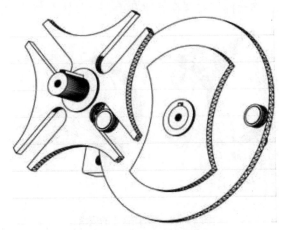

图 9-21　拨盘和槽轮组装

（13）电机安装。电机的第一种安装方式如图 9-22 所示，电机托杆上开有沿其长度方向的几个长孔。在机架框、电机托杆和电机架上各选一个位置较合适的安装孔。用双头螺柱穿过机架框的孔和电机托杆的安装孔，旋上四个螺母（加垫圈），将电机托杆安装在机架框上。再用螺栓穿过电机架和电机托杆的长孔后旋上螺母（加垫圈），将电机架安装在电机托杆上。旋松双头螺柱上的螺母时，可以拨动电机托杆摆动；旋松螺栓上的螺母时，可以沿着电机架和电机托杆的长孔两个方向拨动电机架移动，这样电机架的位置可以沿上/下、左/右、前/后进行局部调整，使电机的轴线尽可能对正主动定铰链轴的输入端，且距离适宜。调好后，用两把扳手拧紧。电机的第一种安装方式适用于驱动齿轮、凸轮、皮带轮、槽轮和曲柄杆等转动型主动构件的转动。电机的第二种安装方式如图 9-23 所示，在机架框和 L 形电机架上各选择一个位置合适的安装孔，用螺栓穿过这两个孔后（加垫圈）旋上螺母，将 L 形电机架直接安装在机架框上。旋松螺母可转动或沿电机架的长孔拨动电机架，调整电机轴的位置和方向，调好后，用两把扳手拧紧。电机的第二种安装方式适用于驱动蜗杆。电机和蜗杆之间也用软轴联轴器相连。

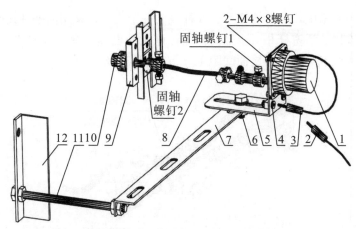

1—电机；2—电源线插头；3—电机插头；4—电机架插座；5—电机架；
6—M8×20 螺栓、M8 螺母各一件，ϕ8 垫圈两件；7—电机托杆；8—软轴联轴器；9—基板；
10—主动定铰连轴；11—M8×160 双头螺柱一件，M8 螺母和 ϕ8 垫圈各四件；12—机架框

图 9-22   电机的第一种安装方式（后视）

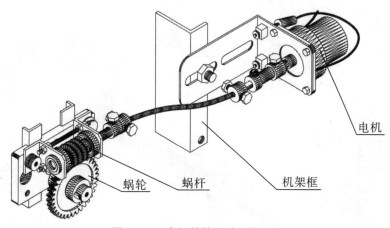

图 9-23   电机的第二种安装方式

（14）气缸组件的安装和调整。气缸组件的第一种安装结构如图 9-24 所示，由 L
形气缸座、前述构件杆和从动铰链组合而成。组装的过程是：选择适当长度的构件杆，
在构件杆的一端安装一个从动铰链，用两颗 M5×12 螺栓不加垫圈穿过 L 形气缸座的孔
和构件杆另一端的长孔后，加垫圈旋上螺母，将 L 形气缸座与构件杆固定为一体；气
缸的活塞杆及缸筒前端外螺纹伸过 L 形气缸座的孔，先后旋上 M8×1 圆螺母和活塞杆
接头，拧紧；又用活塞杆接头的长形孔与其他构件铰链连接。活塞杆相对于缸筒伸缩，
该组件称为变杆长的"二铰链杆"。第一种安装结构的优点是简单，缺点是占据层面间
距 30 mm。气缸组件的第二种安装结构如图 9-25 所示，由法兰、撑杆和气缸铰链组合
而成。组装的过程是：选择适当长度的两根撑杆，一端穿过法兰的两个孔，另一端穿过
气缸铰链的两个孔，杆、孔相对滑动。可以调整法兰和气缸铰链之间的距离，两者螺孔
中各旋有 2 个 M5×8 螺栓将其与撑杆顶紧固定为一体。气缸的活塞杆和缸筒前端外螺
纹伸过法兰的孔，先后旋上 M8×1 圆螺母和活塞杆接头，拧紧，此时气缸的缸筒卧置

于气缸铰链体的通槽中，二者与法兰、撑杆成为一个构件；又用活塞杆接头的长形孔与其他构件铰链连接。活塞杆相对于缸筒伸缩，该组件也称为变杆长的"二铰链杆"。第一种安装结构的优点是仅占据层面间距 15 mm，缺点是较复杂。

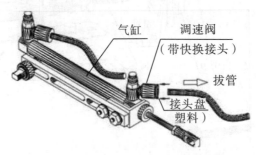

图 9-24　气缸组件的第一种安装结构

注：1. 在快换接头插上气管：将气管插入即可。

　　2. 在快换接头拔下气管：沿两实心箭头方向压快换接头的（塑料）接头盘，同时沿空心箭头方向拔管。

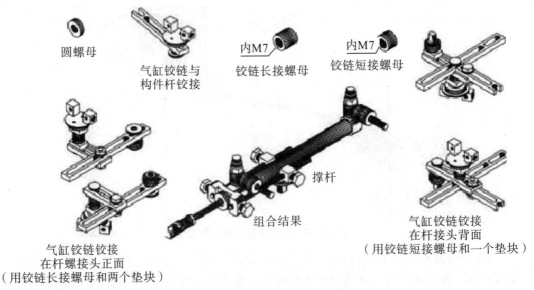

图 9-25　气缸组件的第二种安装结构

9.1.4　实验方法与步骤

（1）了解实验装置，熟悉各种运动副和杆件的组装方法、机构尺寸的调整方法、电机和联轴器的安装及用遥控电路进行控制驱动的方法，以及气缸、压缩机、气控组件和其他气动元件的安装使用方法。

（2）针对设计题目初步拟定机械系统运动方案和尺寸及电气、气动控制驱动方案，绘出草图。

（3）使用机械方案创意设计模拟实施实验仪的多功能零件，按照草图先在桌面上进行机构的初步试验组装。目的是杆件分层，一方面使各个杆件在相互平行的平面内运动，另一方面避免各个杆件、各个运动副之间发生运动干涉。

（4）按照步骤（3）分层方案，使用实验仪的多功能零件，从最里层开始依次将各个杆件组装连接到机架上。

（5）根据输入的运动形式选择原动件。若输入运动为转动（工程实际中以发动机、电动机等为动力），则选择双轴承式主动定铰链轴或蜗杆为原动件，使用电机通过软轴联轴器进行驱动；若输入运动为移动（工程实践中以油缸、气缸等为动力），则选用适当行程的气缸驱动，用软管连接好气缸、气缸组件和空气压缩机先进行空载行程实验。

（6）试用手动的方式摇动或推动原动件，观察整个机构各个杆、运动副的运动，保证畅通无阻后，安装电机，用柔性联轴节将电机与机构相连；或安装气缸，用附件将气缸与机构相连。

（7）检查无误后，打开电源试机。

（8）动态观察机构系统的运动，对机构系统的工作到位情况、运动学及动力学特性做出定性分析和评价。主要包括以下内容：各个杆、运动副是否发生干涉；有无憋劲现象；输入转动的原动件是否是曲柄；输出杆件是否具有急回特性；机构的运动是否连续；最小传动角（或最大压力角）是否超过其许用值，是否在非工作行程中；机构运动过程中是否产生刚性冲击或柔性冲击；机构是否灵活、可靠地按照设计要求运动到位；自由度大于 1 的机构，其各个原动件能否使整个机构的各个局部实现良好的协调动作；动力元件（电机或气缸）的选用及安装是否合理，是否按预定的要求正常工作。

（9）若机构系统运动出现问题，则按照前述步骤进行调整，直到模型机构能够灵活、可靠地完全按照设计要求运动。

（10）用实验方法确定了机构设计方案和参数后，测绘组装的模型，换算实际尺寸，填写实验报告，按比例绘制机构运动简图，标注参数，计算自由度，划分杆组，简述步骤（8）所列各项评价情况，指出设计的创新和不足之处并简述改进方案。

（11）验收合格后，鉴定总体演示效果。

9.1.5　实验记录与数据处理

（1）绘制实际拼装的机构运动简图，并在简图中标注实际尺寸。

（2）画出实际拼装机构的杆组拆分简图，并简要说明杆组拆分理由。

（3）根据所拆分杆组，按不同方式拼装杆组，绘制可能的组合机构运动简图。

9.1.6　实验思考题

（1）进行机构分析时，如何正确拆分杆组？请拆分你设计的杆组。

（2）如何对高副机构进行高副低代？

（3）什么是基本杆组？基本杆组的自由度为多少？

9.2　实验 2　慧鱼模型实验

9.2.1　实验目的

（1）通过学习动手组建模型、连线、编程、控制模型等，初步了解慧鱼模型的运作方法。

（2）了解基本的机械结构和特点，掌握电气动控制工业技术的基本概念、分类及特点。

（3）了解电气动元件的工作原理、种类和实际应用，以及电气动控制系统的组成和结构，掌握基本的电气动控制技术应用，了解现代自动化控制系统的结构和特点。

9.2.2　实验原理与内容

慧鱼具有不同型号和规格的零件近千种，一般工程机械制造所需零部件，如连杆、齿轮、马达、蜗轮、汽缸、压缩机、发动机、离合器、热（光、触、磁）敏传感器、信号转换开关、计算机接口等，在慧鱼中都可以找到。利用慧鱼基本构件（机械元件、电气元件、气动元件），配合传感器、控制器、执行器和软件，运用设计构思和实验分析，可以实现多种技术过程的还原以及工业生产和大型机械设备操作的模拟。运用慧鱼模型能够组装各种机械设备、辅助理论教学。

慧鱼模型的使用包括模型的装配、配线和程序的编写三个步骤。模型的装配主要是根据设计方案选择合适的机械构件、电气构件、气动构件组装模型。模型采用电机或气动驱动，并进行各种检测，还需设计控制程序，通过控制器驱动保证模型模拟真实设备完成动作，实现设备功能。

（1）模型的装配。系统提供的构件主料均采用优质尼龙塑胶，辅料采用不锈钢芯铝合金架等，以燕尾槽插接方式连接，可实现六面拼接，多次拆装。在组装过程中注意所用构件的长短、粗细、安装次序及位置。机械构件装配时要确保构件到位，不滑动。电子构件装配时要注意正负极性，接线稳定可靠，没有松动。气动构件装配时要注意各连接处密封可靠，不能有漏气现象。模型完成后还要考虑美观，整理布线规范。

（2）配线。根据模型的实际位置和走线的合理布置选择合适的导线长度，导线两头分叉约 3 cm，分别剥去塑料护套，露出约 4 mm 的铜线，把铜线向后弯折，插入线头，旋紧螺丝，完成接线头。

（3）程序的编写。控制程序采用图形化编程技术。

本实验要求自行设计、组装慧鱼模型，编写相应的控制程序，并完成指定功能。慧鱼模型要求结构简单，运动可靠且无干涉卡顿，程序简单可控。

9.2.3　实验仪器

慧鱼模型组合包、智能接口板一块（9 V）、电源、电脑（ROBO Pro 4.0 以上版本控制软件）。

9.2.3.1　慧鱼模型组合包

慧鱼模型组合包有以下部分：①机械构件，主要包括齿轮、联杆、链条、履带、齿轮（普通齿轮、锥齿轮、斜齿轮、内啮合齿轮、外啮合齿轮）、齿轴、齿条、蜗轮、蜗杆、凸轮、弹簧、曲轴、万向节、差速器、轮齿箱、铰链等。②电气构件，主要包括直流电机（9 V 双向）、红外线发射接收装置、传感器（光敏、热敏、磁敏、触敏）、发光器件、电磁气阀、接口电路板、可调直流变压器（9 V、1 A，带短路保护功能）。③气动构件，主要包括储气罐、气缸、活塞、气弯头、手动气阀、电磁气阀、气管等。

9.2.3.2　智能接口板

智能接口板可实现电脑与模型之间的通信，以及软件指令传输和图形图像传输，如图 9-26 所示。控制板可以通过触摸屏进行控制，控制板接口众多，其中 USB 端口可以连接慧鱼 USB 摄像头等设备。内置蓝牙与 Wi-Fi 模块可提供无线连接。

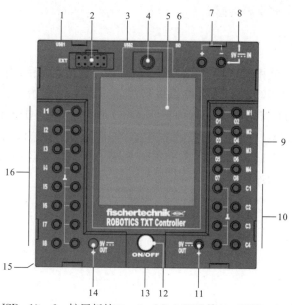

1-USB-A 接口（USB-1）；2-扩展板接口；3-Mini USB 接口（USB-2.0）；4-红外接收管；
5-触摸屏；6-Micro SD 卡插槽；7-9 V 供电端，充电电池接口；
8-9 V 供电端，直流开关电源接口；9-输出端 M1~M4 或 O1~O8；10-输入端 C1~C4；
11-9 V 输出端（正极端子）；12-ON/OFF 开关；13-扬声器；14-9 V 输出端（正极端子）；
15-纽扣电池仓；16-通用输入端 I1~I8

图 9-26　智能接口板

USB-A 接口（USB-1）为 USB 2.0 主机接口，用于连接慧鱼 USB 摄像头。扩展板接口连接额外的 ROBOTICS TXT 控制板，用以扩充输入/输出接口，另外可以作为 I^2C 接口，连接 I^2C 扩展模块。Mini USB 接口（USB-2）为 USB 2.0 端口，用于连接电脑。红外接收管可以接收来自慧鱼模型组合包中遥控器的信号，这些信号可被读入控制程序，从而使遥控器实现远程控制 ROBOTICS 系列模型。触摸屏显示控制器的状态：程序是否加载，操作过程中在菜单的位置。通过触摸屏，可以选择、打开或关闭功能和程序。当程序运行时，可以查看变量或模拟量传感器的数值。Micro SD 卡插槽可以插入控制板，提供额外的存储空间。9 V 供电端可以为模型提供移动电源。9 V 直流开关电源接口（3.45 mm，中心正极）可以连接直流开关电源。输出端 M1～M4 或 O1～O8 可将 4 个双向电机连接到控制板，或者可以连接 8 个电灯或电磁铁（也可以为单向电机），其中另一个接口连接到数字地端口（⊥）。输入端 C1～C4 为快速脉冲计数端口，最高脉冲计数频率可达 1 kHz（每秒 1000 个脉冲信号），如慧鱼带编码器电机中的编码器信号，还可作为数字量输入端，如微动开关。9 V 输出端为各种传感器（如颜色传感器、轨迹传感器、超声波距离传感器、编码器）提供工作电压。ON/OFF 开关开启或关闭控制板。扬声器可播放储存于控制板或 SD 卡的声音文件。TXT 控制板包含实时时钟（real-time clock）模块，该模块由一个 CR 2032 纽扣电池供电。通用输入端 I1～I8 为信号输入端，在 ROBO Pro 软件中可被设置为数字量传感器（微动开关、干簧管、光敏晶体管）、红外轨迹传感器、模拟量电阻类传感器、模拟量电压类传感器（颜色传感器）、超声波距离传感器。

9.2.3.3　软件使用

先将接口板和电脑相连，将连接电缆一端接到接口板，另一端接到电脑。为了连接工作正常，必须用 ROBO Pro 对接口板进行设置。点击"开始"菜单"Programs"或"All programs"下的"ROBO Pro"，启动 ROBO Pro，然后点击工具栏"COM/USB"。选择端口和接口板类型，选定适当设置后点击"OK"，关闭窗口。点击工具栏"Test"，打开"测试接口板"窗口，如图 9-27。窗口显示了接口板有效输入和输出，其下方绿条显示电脑和接口板的连接状态。

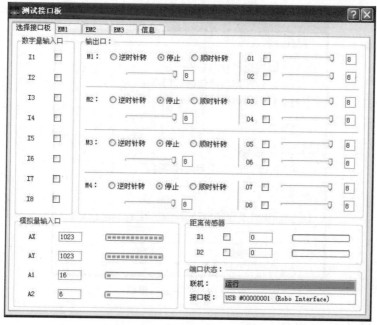

图 9-27 "测试接口板"窗口

接口板测试完成后，开始设计控制程序。ROBO Pro 为用户提供了 1~4 级的编程功能，如图 9-28 所示，用户可根据自身需要进行选择。ROBO Pro 采用图形化编程技术，按照控制要求编制控制程序。点击工具栏按钮 ⬤ 运行程序，如需中断程序，可点击工具栏按钮 ⬤ 。正在运行的程序会显示红色，用户可实时观察程序运行过程。若调试程序无误，接口板与电脑端口连接正确，即可点击工具栏按钮 ⬤ 进行程序下载。"下载"窗口如图 9-29 所示，选择存储区域、运行程序等相关信息后点击"确认"，进入下载过程。下载完成后系统将给予提示，此时用户可断开电脑与接口板间的连线，通过控制板驱动模型。

图 9-28 "ROBO Pro"界面

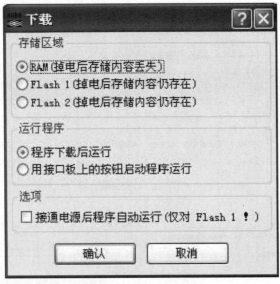

图 9-29　"下载"窗口

9.2.4　实验方法与步骤

（1）根据创新设计题目或范围，经过小组讨论后，拟定初步设计方案，并选择合适的模型包。

（2）各小组共同探讨设计方案的合理性以及所选择模型包是否能实现设计方案。

（3）组内分工，先根据设计方案进行结构拼装，再安装控制部分、驱动部分。

（4）模型拼装完成后，手动检查模型能否完成所需动作、运动是否顺畅、有无干涉问题、结构是否稳定可靠。

（5）指导教师检查，确保模型符合要求。

（6）必要时连接电脑与接口板，编制程序，调试程序。将调试合格的程序下载到接口板中，启动模型已完成设计的功能。

（7）运行正常后，先关闭电脑，再关闭接口板电源。然后拆除模型，将模型各部件放回存放位置。

9.2.5　实验记录与数据处理

绘制所拼装设备的机构运动简图，记录最终合格的控制程序。

9.3.6　实验思考题

（1）简述所拼装设备的功能和动作要求。

（2）所拼装设备采用什么传感器？它是如何工作的？

（3）使用电机驱动和气缸驱动的控制有什么不同？

（4）所拼装的模型使用了哪些传动方式？为什么采用这种传动方式？

9.3　实验 3　汽油发动机拆装实验

9.3.1　实验目的

（1）通过对汽油发动机的观察分析及拆装，熟悉汽油发动机的机构和系统组成，掌握发动机的基本工作原理。

（2）观察各组成零件的结构和配合特点，明确发动机设计制造的关键点和关键工艺。

（3）通过观察，掌握形位公差在产品设计装配中的意义。

9.3.2　实验原理与内容

汽油发动机由两大机构、五大系统构成。两大机构为曲柄连杆机构和配气机构；五大系统为燃料供给系统、润滑系统、冷却系统、点火系统和启动系统，各个系统相互协调、配合工作，才能保证发动机正常工作。

（1）曲柄连杆机构（图 9-30）由汽缸体、汽缸盖、活塞、连杆曲轴和飞轮等组成。其作用是：在做功行程中，活塞承受燃气压力在汽缸内做直线运动，通过连杆转换成曲轴的旋转运动，并从曲轴对外输出动力；而在进气、压缩和排气行程中，飞轮释放能量，把曲轴的旋转运动转化成活塞的直线运动。

图 9-30　曲柄连杆机构

（2）配气机构（图 9-31）由气门、气门弹簧、凸轮轴、挺杆、凸轮轴传动机构等组成。其作用是：根据发动机的工作顺序和工作过程，定时开启和关闭进气门与排气门，使可燃混合气或空气进入气缸，并使废气从气缸内排出，实现换气过程。

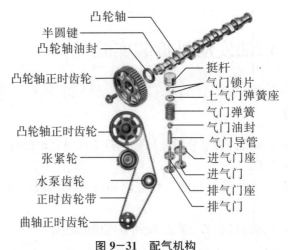

凸轮轴
半圆键
凸轮轴油封
凸轮轴正时齿轮
凸轮轴正时齿轮
张紧轮
水泵齿轮
正时齿轮带
曲轴正时齿轮

挺杆
气门锁片
上气门弹簧座
气门弹簧
气门油封
气门导管
进气门座
进气门
排气门座
排气门

图 9-31　配气机构

（3）燃料供给系统（图 9-32）由燃油箱、燃油泵、燃油缓冲器、燃油压力调节器、燃油滤清器、喷油器、节温定时开关和冷启动阀（冷启动喷油器）等组成。其作用是：根据发动机不同工况，配制一定数量和浓度的混合气，使在气缸中在临近压缩终了时点火燃烧而膨胀做功。

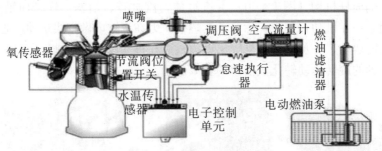

喷嘴
调压阀　空气流量计
燃油滤清器
氧传感器
节流阀位置开关
急速执行器
水温传感器
电子控制单元
电动燃油泵

图 9-32　燃油供给系统

（4）润滑系统（图 9-33）由机油泵、限压阀、机油滤清器、机油散热器等组成，具有润滑、冷却、清洁、密封、缓冲的作用。润滑系统不断地向发动机各零件摩擦表面输送清洁的机油，减少零件的摩擦阻力和磨损；流动的机油还能带走机件摩擦产生的热量和磨损掉落的金属屑，防止机件温度升高，破坏配合间隙而造成不良后果，同时避免了零件的磨料磨损。另外，因润滑黏度和吸附作用形成油膜，使机油起到密封的作用。

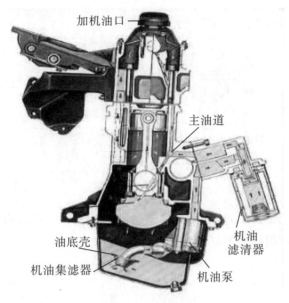

图 9-33 润滑系统

（5）冷却系统（图 9-34）由节温器、水泵、水泵皮带、散热器、散热风扇、水温感应器、蓄液罐组成。其作用是：将受热零件吸收的部分热量及时散发出去，以保证发动机在最适宜的温度状态下工作。

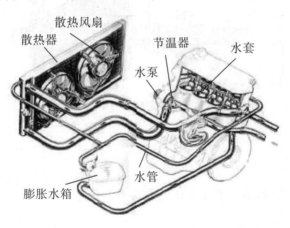

图 9-34 冷却系统

（6）点火系统（图 9-35）由电源、点火开关、点火线圈、断电器、配电器、电容器、火花塞、高压导线、附加电阻等组成。其作用是：在发动机的各种工况和使用条件下，在气缸内适时、准确、可靠地产生电火花，以点燃可燃混合气。

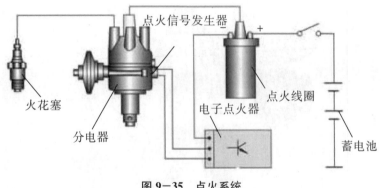

图 9-35　点火系统

（7）启动系统（图 9-36）由电力启动器、蓄电池、启动机和启动控制电路等组成。其作用是提供发动机启动时所需动力。

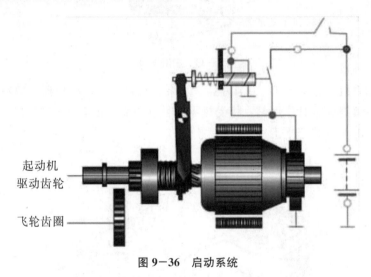

图 9-36　启动系统

9.3.3　实验仪器

发动机拆装台架，拆装、调整工具与量具。

9.3.4　实验方法与步骤

（1）发动机外表附件的拆卸。拆卸顺序：松开发电机固定螺栓，拆下风扇 V 形带及风扇；拆下发电机及支架；拆下水泵和循环水管；松开空气压缩机及支架；拆下机油泵；拆下分电器及高压线，拆下启动机；拆下进、排气歧管；拆下机油粗滤清器、离心式机油滤清器和加机油管；拆下发动机前悬支架和飞轮壳，从飞轮上拆下离合器总成。

（2）发动机本体各组件的拆卸。拆卸顺序：拆卸汽缸盖；拆下火花塞；拆下汽缸盖罩固定螺栓，卸下汽缸盖罩，并取下密封垫；按顺序取出推杆，并做好记号；分别从两端向中间对称、分次松开各汽缸盖螺栓，拆下前、后汽缸盖，注意不要损伤缸盖和缸体平面。

（3）活塞连杆组的拆卸。拆卸顺序：将发动机侧卧，使挺杆室盖一侧朝上，从两端向中间对称拆下油底壳螺栓，取下油底壳；拆下机油集滤器和机油泵；转动曲轴，将准备拆卸的活塞连杆组转到下止点，拆下连杆螺栓，取下连杆轴承盖和下轴承，按顺序放好；用手锤木柄从连杆大头处朝活塞方向推出活塞连杆组（严禁用手锤和铁棒直接敲打连杆大头）；取出活塞连杆组后，将连杆轴承盖和轴承按原位装回，并检查活塞顶和连杆大头处的记号，若无记号，应做记号。

（4）正时齿轮和凸轮轴的拆卸。拆卸顺序：用专用扳手或扭力扳手拆下曲轴启动爪，用专用拉器将曲轴带轮拉出；拆去正时齿轮盖的固定螺栓，取下正时齿轮盖；将气门挺杆取出，并按顺序放置或用绳子绑好，在两端做位置记号；检查正时齿轮是否有记号，若没有记号，应在拆卸前将第一缸活塞转至压缩上止点，分别在凸轮轴正时齿轮和曲轴正时齿轮做记号，再拆下凸轮轴止推板固定螺栓，边转动边缓慢抽出凸轮轴。

（5）曲轴飞轮组的拆卸。拆卸顺序：将发动机体倒置，拆下飞轮固定螺栓，取下飞轮，飞轮与曲轴连接螺栓中有两个螺栓颈部滚花，起定位作用，切勿与其他螺栓调换；按先两端后中间的顺序，用扭力扳手将曲轴轴承固定螺栓分两次松开，拆下曲轴轴承盖和下曲轴承；在第四道曲轴轴承座（和盖）上，装着镶嵌曲轴轴向止推轴承的组合式轴承，由于曲轴轴向间隙很小，因此拆装曲轴时应特别注意要水平轻抬、慢放，以免刮伤止推轴承的表面合金层；抬下曲轴后，再将曲轴轴承和轴承盖按原位装回。

（6）组件的分解。

①凸轮轴和气门组的分解：拆下凸轮轴正时齿形带固定螺栓，取下正时齿轮。先拆凸轮轴第 1、3、5 轴承盖，再对角交替拆下第 2、4 轴承盖，抬下凸轮轴。按顺序取下液压挺杆，并在两端做上位置记号。

用气门弹簧拆装压具将气门弹簧压缩，用尖嘴钳（禁用手）拆除锁片，然后放松气门弹簧拆装压具，取出气门、气门弹簧及弹簧座。拆下气门后，应将气门弹簧、弹簧座和气门对应汽缸盖顺序排列。

②活塞连杆组的分解。用活塞环钳从活塞上拆下活塞环；拆下活塞销卡环，用专用工具将活塞销从活塞中压出，取出连杆。发动机解体后，应对零件进行分类、清洗，以便检验、保管。

（7）装配。装配工艺与拆卸相反，装配顺序：安装曲轴，安装活塞连杆组，安装凸轮轴，安装气缸盖，安装气门传动组部分零件，安装机油泵，安装飞轮壳，安装进、排气歧管，安装发动机附件。

在装配过程中，应注意以下几点：

（1）安装活塞连杆组和曲轴飞轮组时，要注重互相配合运动表面的清洁。装配时，在相互配合的运动表面涂抹机油。

（2）各配对零部件不能相互调换，安装方向应准确无误。

（3）各零部件应按规定力矩和方法拧紧，并且拧紧 2～3 次。

（4）活塞连杆组装入气缸前，应使用专用工具活塞钳将活塞环夹紧，再用锤子木柄将活塞连杆组推入气缸。

（5）安装正时齿轮带时，应注意使曲轴正时齿轮位置与机体记号对齐，并与凸轮轴正时齿轮的位置配合准确。

9.3.5 实验记录与数据处理

画出汽油发动机的机构运动简图，详细记录并说明发动机中一一对应且不具有互换性的零部件，记录曲轴与凸轮轴之间的相对位置关系。

9.3.6 实验思考题

（1）汽油发动机各由哪些机构和系统组成？

（2）拆装汽缸盖时，汽缸盖螺栓为何要按顺序拆装？

（3）如何调整气门凸轮轴和曲轴之间的相对位置？

（4）曲轴轴承盖与轴承座装配时怎样保证一一对应？

9.4 实验 4 工程机械变速箱性能测试实验

9.4.1 实验目的

（1）了解工程机械变速箱的结构和液力变矩器的工作原理。

（2）掌握工程机械变速箱性能测试的原理和方法。

（3）了解工程机械变速箱换挡原理，测试不同挡位的性能，掌握柔性传动的优缺点。

9.4.2 实验原理与内容

工程机械变速箱由液力变矩器、动力换挡变速箱和电液控制系统组成，如图 9-37 所示。液力变矩器可以将发动机的机械能转化为液体的动能，并将液体的动能还原为机械能；它可以自动调节输出扭矩和转速，使工程机械根据道路状况和阻力自动改变速度和牵引力，以适应不断变化的工况。液力变矩器工作油还可吸收和消除发动机与外载产生的冲击与噪声。变速箱总成可以根据实际的需要实现方向和高低速的选择。动力换挡变速箱能防止误操作，使换挡平稳，保护传动系统零部件，减少冲击和磨损，延长传动系统寿命。当通过复杂地面时，自动换挡能提高机械的通过率，不会因换挡不及时或换挡切断动力时间过长而造成发动机熄火或停机。电液控制系统根据操作者的输入控制电磁多路控制阀，推动动力换挡变速箱进行挡位切换。

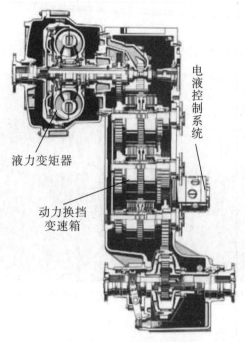

图 9-37 工程机械变速箱

工程机械变速箱测试台架如图 9-38 所示，主要由驱动变频电机、输入侧扭矩转速传感器、工程机械变速箱、万向联轴节、输出扭矩传感器、增速箱、负载电机、机械离合器、惯性轮组等组成。工程机械变速箱的驱动用驱动变频电机代替实际使用时的发动机。电机的转矩、转速由变频器控制。负载部分由负载电机和负载控制部分组成。负载和驱动部分共用直流母线从供电模块获取能量，负载的转矩、转速由变频器控制。驱动变频电机通过机械连接装置和输入侧扭矩转速传感器连接，输入侧扭矩转速传感器和被测试件通过机械连接装置连接。输入侧扭矩转速传感器将输入侧的扭矩、转速信号变送后传入扭矩测量仪。在输出侧装有输出侧扭矩转速传感器。负载电机的转矩或转速在变频器的控制下可实现零到最大值的线性调节，从而获得不同要求的负载，以满足实验工况。工程机械变速箱上连接有油压传感器、流量传感器和温度传感器，可实时监测换挡时油压等的变化。实验台测控部分由传感器将信号变送后传入数据采集仪进行模数转换，转换后的数据通过现场总线传给计算机，计算机通过软件对数据进行分析、计算，最后显示测量参数，并进行相应的曲线拟合，生成实验曲线。

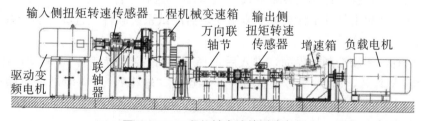

图 9-38 工程机械变速箱测试台架

9.4.3　实验仪器

工程机械驱动与传动性能测试实验台（图 9-39）、工程机械变速箱、空气压缩机。

图 9-39　工程机械驱动与传动性能测试实验台

9.4.4　实验方法与步骤

（1）检查各连接电缆是否可靠，机械旋转部分是否有障碍物，气路是否通畅，各传感器是否正常工作。

（2）打开气泵，根据实验需要将增速箱挡杆推到相应挡位。听到挂挡声音后再继续。增速箱的增速比要和工程机械变速箱的减速比一致或接近。

（3）给设备供电，检查变频电柜"本地/远程"按钮指示灯，观察三相电的电压应该在 380 V±10% 范围内才能使用设备。

（4）打开操作台仪表电源，打开两台测控仪 ET3100，并按下"本地/远程"按钮，使灯亮，进指示行远程控制；打开数据采集仪 ET2300 电源，打开工控机。

（5）按下操作台综合控制区"合闸"按钮，合闸指示灯点亮，负载电机和驱动电机变频故障灯灭，变频器就绪。在综合控制区输入侧扭矩转速传感器小电机处于停止位。将操作台右上角的双变总成挂到前进挡 1 挡（教师指导）。

（6）将操作台综合控制区输出侧扭矩转速传感器小电机打到反转。在驱动电机控制模块，模式选择"速度模式"（模拟发动机恒转速输出），启动控制选择"反转"；在负载电机控制模块，模式选择"转矩模式"，启动控制选择"停止"。

（7）在工控机上打开工程机械变速箱变矩器测试系统软件，选择"实验登录"，更改实验编号，进入实验。

（8）选择"手动控制"界面，进入后选择"P1/P 控制特性"，在驱动回路"驱动（%）"处输入 12%，选择"输入测控仪"，再点击"输出"，即向驱动电机输出信号，驱动电机以 12% 的总功率运转。

（9）观察整个系统，待系统缓慢运转并平稳后继续以下步骤。

（10）选择"手动控制"界面，进入后选择"M/n 控制特性"，在驱动回路"驱动"

处输入转速 1500 r/min，选择"输入测控仪"，再点击"输出"，即向驱动电机输出信号，驱动电机以转速 1500 r/min 运转。

（11）查看软件界面，检查系统油压、供油流量、滑油流量是否有数值，有数值才能继续。

（12）负载电机控制处，启动控制选择"正转"，观察双变总成输出端转向是否发生变化，一旦变化，立即将启动控制打到"停止"。

（13）让系统运转一段时间，观察界面进口温度，温度需上升到 40℃ 后才可继续。温度一旦超过 80℃，旋转备用旋钮，打开水泵给系统降温。

（14）点击软件"程序控制"界面，新建一个程序。要求控制驱动电机转速为 1800 r/min，负载电机从 380 r/min 降至 280 r/min，每次降低 10 r/min，过渡时间为 5 s，运转时间为 20 s。输入测控仪为驱动电机控制，控制特性为 M/n，输出测控仪为负载电机控制，控制特性为 n/p，如图 9-40 所示。程序设置好后，点击"保存设置"。

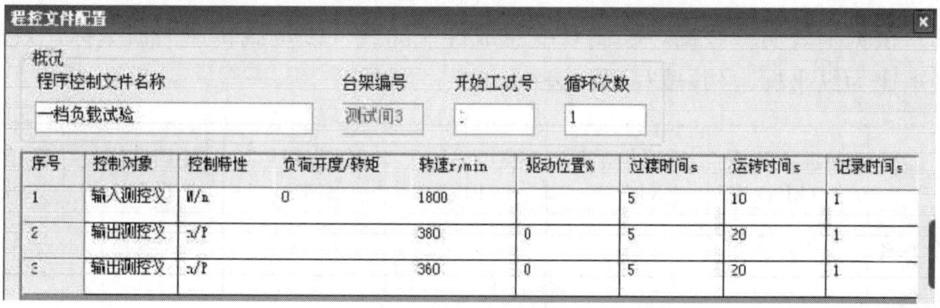

图 9-40　程序设置

（15）回到"程序控制"界面，选择刚才设置的程序，点击"运行"，系统会按照程序自动调整参数并记录测试结果。实验结束后，机器会自动停止运转。

（16）回到"数据记录"界面，进行数据处理，可以输出表格，也可以通过曲线拟合得到性能曲线，并输出曲线图片。

（17）数据处理完后，在"实验登录"处新建实验，重复步骤（8）～（11），点击"换挡过程实验"界面，设定减挡/回空挡调节转速为 1800 r/min，采样点数为 5000 点，点击"开始实验"。待提示换挡后，将挡位从 1 挡换到 2 挡，直到实验结束。

（18）继续参照步骤（17）完成其他挡位测试并处理数据。

（19）实验结束后，将驱动电机和负载电机启停选择开关打到停止，综合控制区分闸。关闭两台测控仪 ET3100、数据采集仪 ET2300，关闭仪表电源、变频电源及气泵。

（20）整理实验数据，关闭工控机。

9.4.5　实验记录与数据处理

（1）记录实验数据，填写下列表格。

负载转速 (r/min)	输入扭矩 (N·m)	输出扭矩 (N·m)	输入转速 (r/min)	输出转速 (r/min)	速比	变矩比	效率	供油流量 (L/min)	滑油流量 (L/min)	进口压力 (kPa)	出口压力 (kPa)	滑油压力 (kPa)
380												

负载转速 (r/min)	输入扭矩 (N·m)	输出扭矩 (N·m)	输入转速 (r/min)	输出转速 (r/min)	速比	变矩比	效率	供油流量 (L/min)	滑油流量 (L/min)	进口压力 (kPa)	出口压力 (kPa)	滑油压力 (kPa)
370												
360												
350												
340												
330												
320												
310												
300												
290												
280												

（2）根据上表实验数据，绘制双变总成性能曲线（以负载转速为横坐标，效率、速比、变矩比为纵坐标），并填写下列表格。

换挡过程	前进挡油压 (kPa)	后退挡油压 (kPa)	换挡油压1 (kPa)	换挡油压2 (kPa)	换挡油压3 (kPa)	换挡油压4 (kPa)
空挡换1挡						
1挡换2挡						
2挡换3挡						
3挡换4挡						
空挡换倒1挡						
倒1挡换倒2挡						

9.4.6 实验思考题

（1）根据实验结果，双变总成的最高效率为多少？为什么其效率不算高，工程机械却要使用？

（2）变矩比最大时是不是效率最高？

（3）换挡过程中，双变总成的换挡油缸切换时间为多少？切换快慢有什么意义？

（4）工程机械变速箱测试台架为什么要使用增速箱？

9.5　实验 5　数控多轴加工实验

9.5.1　实验目的

（1）了解数控多轴加工与定轴加工的区别和加工难点，能够明确零件是否需要进行多轴加工。

（2）了解多轴数控机床的结构，以及其在加工准备阶段与定轴加工的不同。

（3）掌握多轴加工编程技巧，能够完成较复杂零件的多轴加工程序编程。

9.5.2　实验原理与内容

多轴加工就是在原有三轴加工的基础上增加旋转轴的加工。多轴加工可以分为以下类型：利用多轴数控机床进行三轴以上的联动加工，如 3 个直线轴和 1 个或 2 个旋转轴联动加工，称为四轴联动加工或五轴联动加工；利用多轴数控机床进行任意二轴或三轴且必须包括 1 个旋转轴的联动加工，如 1 个直线轴和 1 个旋转轴的联动加工。多轴加工可以加工复杂型面，提高加工质量与率。利用球刀加工时，刀轴倾斜可提高加工质量与效率，多轴加工可以把点接触改为线接触，可利用端刃和侧刃切削，使变斜角平面表面粗糙度降低。另外，多轴加工可以充分利用切削速度和刀具直径，例如，可使用大直径面铣刀加工，应用宽行加工方法，改善接触点的切削速度，减小刀具长度，提高刀具强度。多轴加工与三轴加工相比，编程更复杂，工艺顺序也不同。以 Unigraphics Nx（UG）为例，其有变轴铣、变轴轮廓铣、变轴顺序铣、固定轴曲面轮廓铣等多种加工方法，后置处理要考虑刀具长度、机床结构、工装夹具尺寸以及工件安装位置等。

本实验主要开展四轴加工。四轴的定义为：一台机床上至少有 4 个坐标，分别为 3 个直线坐标和 1 个旋转坐标。四轴加工可加工三轴加工机床无法加工或需要装夹过长的零件，可提高自由空间曲面的精度、质量和效率。四轴加工较三轴加工多了 1 个旋转轴，可以实现除底面外五个面的加工。以往教学采用三轴加工机床进行定轴加工，零件较简单，主要是二维形状，而四轴加工为变轴加工，机床主轴不再垂直于工作台，而是可以倾斜一定角度，加工工艺、数控编程及机床操作难度大大提高。

实验任务是自行设计或根据指定模型，自行编制该零件的四轴加工程序，上机完成该零件的加工。

9.5.3　实验仪器

立式加工中心、第四轴数控转台、加工刀具、毛坯件、装有 Unigraphics Nx 的计算机、U 盘。

9.5.4　实验方法与步骤

（1）分析零件图纸，判断零件是否需要多轴加工，确定毛坯尺寸、加工工艺路线，以及刀具和切削用量、加工余量等参数。

（2）创建被加工零件的模型。之后可以通过其他三维软件（ProE、SolidWorks）设计好模型之后再导入 UG，也可以直接在 UG 中创建模型。如果是其他软件设计的模型，则需要转换为 IGS 或 STP 等格式。打开 UG，并新建一个文件，文件名称不能为中文，在菜单栏中选择"文件"，再选择"导入"中的"IGES"或"STEP214"，弹出"导入自 IGES 选项"或"导入自 STEP214 选项"对话框，如图 9-41 所示，选择导入文件所在路径，单击"确定"按钮，系统开始计算并导入文件。

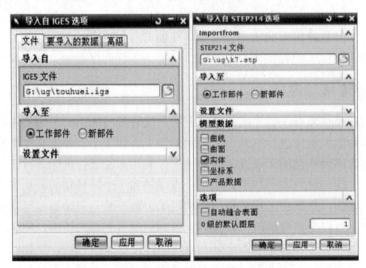

图 9-41　UG 导入 IGS、STP 格式模型

（3）进入 UG 加工环境。如图 9-42 所示，点击"开始"菜单，在弹出的下拉菜单中选择"加工"命令，即可进入加工环境。

图 9-42　进入 UG 加工环境

(4) 创建程序组。在程序视图中，单击"创建程序"，弹出"创建程序"对话框，在"类型"下拉菜单中选择合适的模板，在"程序"下拉列表中选择新建程序所附属的父程序组，在"名称"文本框中输入名称，即可创建一个程序组。编程时，需要根据工艺路线创建程序组，由于实验所用毛坯易于加工，且实验零件在一次装夹即可完成加工，因此只需创建一个程序组。

(5) 创建刀具。在"创建刀具"对话框中，当"类型"为 drill 时，创建用于钻孔、镗孔、攻丝等的刀具；为 mill-planar 时，创建用于平面加工的刀具；为 mill-contour 时，创建用于外形加工的刀具。创建刀具还必须根据选用的刀具设定其几何参数。创建刀具如图 9-43 所示。

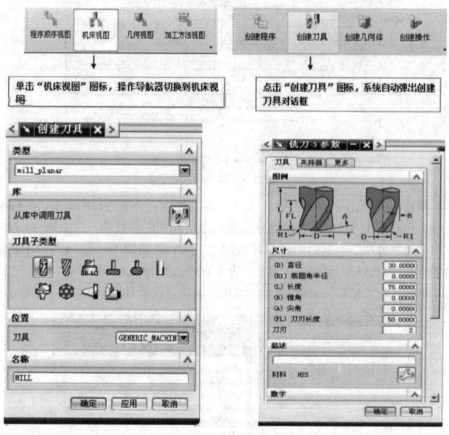

图 9-43　创建刀具

(6) 创建几何体。主要是指定毛坯、修建和检查几何形状、加工坐标系 MCS 的方位、安全平面等。不同操作需要不同的几何类型，平面操作要指定边界，曲面轮廓操作需要面或体作为几何对象。创建几何体如图 9-44 所示。

图 9-44 创建几何体

（7）创建加工方法。零件加工时，为保证加工精度，需要进行粗加工、半精加工和精加工等，创建加工方法就是指定这些步骤的余量和切削参数等。双击 MILL_ROUGH 图标，弹出"铣削方法"对话框，可设置粗加工余量；双击 MILL_SEMI_FINISH 图标，弹出"铣削方法"对话框，可设置半精加工余量；双击 MILL_FINISH 图标，弹出"铣削方法"对话框，可设置精加工余量。"创建方法"和余量设置对话框如图 9-45 所示。

图 9-45 "创建方法"和余量设置界面

（8）创建工序。点击"加工操作"工具条"创建操作"按钮，在对话框"类型"中可选择加工方式。在 UG 中，多轴加工主要指可变轴曲面轮廓铣和顺序铣。可变轴曲面轮廓铣用于曲面轮廓形成区域的精加工，可精确控制刀轴和投影矢量，使刀轨沿着非常复杂的曲面轮廓移动；顺序铣用于连续加工一系列相接表面，并对面与面之间的交线进行清根加工，是一种空间曲线加工方法。选择变轴曲面轮廓铣后还需指定切削区域、驱动方法、投影矢量、刀轴等的设定。"创建工序"及"可变轮廓铣"界面如图 9-46 所示。

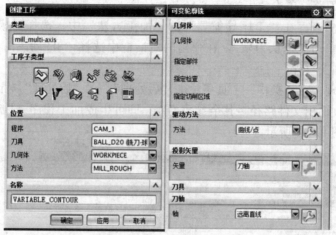

图 9-46 "创建工序"及"可变轮廓铣"对话框

（9）设置进退刀和切削策略参数。单击"非切削移动"，选取"进刀"可设置进刀参数，选取"退刀"可设置退刀参数。单击"切削参数"，选取"多刀路"设置切削策略参数。"进退刀移动"及"切削参数"界面如图 9-47 所示。

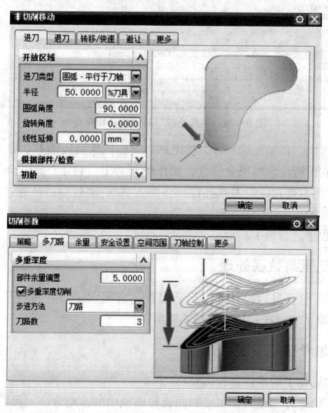

图 9-47 "进退刀移动"及"切削参数"对话框

（10）设置进给参数。单击"进给率和速度"，可设置切削加工时的主轴转速和进给量。

（11）生成刀路。单击"生成"，系统开始计算刀轨，最终生成刀路。

（12）刀轨仿真。在"工序导航器"的"加工方法"中，选择要模拟的刀轨，在"操作"工具条单击"确认刀轨"，在弹出的对话框中选择"3D动态"，单击"播放"，即可模拟零件加工过程。

（13）后处理。在"操作"工具条单击"后处理"，在"后处理"对话框选择四轴加工处理器，修改输出文件路径，其余参数不变，即可生成加工程序。"后处理"对话框及程序范例如图9-48所示。

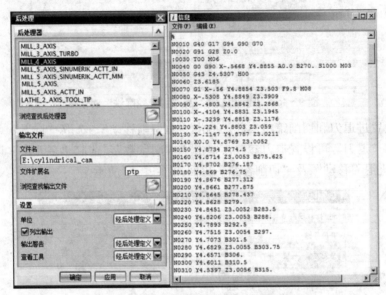

图9-48 "后处理"对话框及程序范例

（14）开启机床，各坐标轴回零。将毛坯装夹到机床第四轴上，导入加工程序。

（15）根据软件所设定的原点位置，操作机床对刀，将工件原点与数控编程原点重合。安装实验所用刀具，设定刀具补偿。注意刀具 Z 轴对刀后，通过更改刀具长度补偿，保证与 Z 轴方向安全平面一致。

（16）运行程序进行加工。

9.5.5　实验记录与数据处理

选择给定的零件，自行设计加工工艺过程，合理设置刀具路径及加工参数，生成NC程序，上交电子版程序和包含刀路的模型。

9.5.6　实验思考题

（1）数控多轴加工的难点是什么？

（2）运用 UG 进行编程时，可变轴曲面轮廓铣中的驱动方法、投影矢量、刀轴的设定有什么作用？

（3）四轴加工对刀与三轴加工对刀有什么不同？

9.6 实验 6 快进－工进回路实验

9.6.1 实验目的

(1) 了解快进－工进回路的构成和速度换接原理以及该回路在数控车床上的运用。
(2) 掌握 PLC 控制与继电器控制的区别与联系。
(3) 综合运用液压、PLC、传感器知识构建自动控制系统，锻炼交叉运用的能力。

9.6.2 实验原理与内容

快进－工进是指在液压缸伸出方向实现快进－工进的速度转换。有杆腔的油液通过换向阀直接流到油箱，使液压缸活塞快速伸出，当到达一个特定位置时，传感器连同一个继电器一启动作，使换向阀换向；换向阀切断原来导通的流道，使油液只能通过一个调速阀流过，从而减小流量，使伸出速度达到设定的值。液压缸返回运动时，不这样要求。该回路可以实现在液压夹紧过程中，未接触夹紧零件时液压缸活塞快速移动，接触到夹紧零件时液压缸活塞速度降低。

快进－工进回路实验液压回路如图 9-49 所示，通过换向阀的切换使液压缸在伸出过程中具有两个不同的工作速度，液压缸返回运动时速度一致。数控车床自动卡盘就利用了这一回路，夹紧过程未碰到工件时速度较快，与工件接触后速度降低，从而避免工件受力过大而变形。

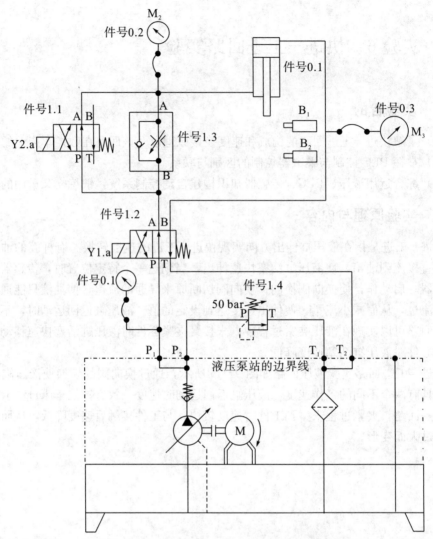

件号0.1~件号0.3－压力表；件号1.1、件号1.2－二位四通方向阀；件号1.4－直通式溢流阀；
件号1.3－二通流量控制阀，可调式；B_1、B_2－接近开关

图9－49　快进－工进回路实验液压回路

　　本实验采用PLC控制，接线示意图如图9－50所示。PLC与输入、输出接线盒通过数据线相连，三模块都需要通24 V直流电。两个开关分别控制启动和复位，接近开关信号及开关信号是PLC的输入信号，而二位四通换向阀接PLC的输出信号。PLC工作流程：按下启动按钮SE_2，Y1.a上电，液压缸活塞杆伸出；当活塞杆碰到接近开关B_1时，PLC接收到信号，Y2.a上电，活塞杆继续伸出；当活塞杆碰到接近开关B_2时，PLC接收到信号，让Y1.a、Y2.a掉电，活塞杆缩回；再按下复位开关SE_1，然后按下启动按钮SE_2，重复以上动作。

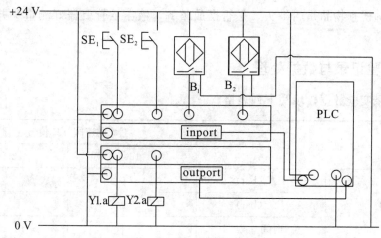

图 9-50　PLC 接线示意图

9.6.3　实验仪器

博世力士乐 DS4 液压实验台、PLC 控制器、位置传感器。

9.6.4　实验方法与步骤

（1）用液压软管将工作台 P/T 分流块上 P 与 LS 相连。按照图 9-49 选择正确的液压元件，并悬挂好相关的液压部件，再用液压软管接通液压回路。液压软管不得弯折，与压力表相连的接头要合适、紧密，防止漏油。所有压力控制阀都设为最低压力（弹簧卸载），所有节流阀口都处于打开状态。仔细检查回路，防止回路不通。

（2）按照图 9-50 连接实验电路。编制 PLC 程序，并在教师指导下将程序导入PLC 控制器中。程序要求控制液压缸活塞杆按上述动作运动。

（3）教师检查，在教师的指导下启动总电源，启动液压泵与电路开关。检查液压回路有无泄漏，任何一只压力表上的读数都应当为零。

（4）调整溢流阀（件号 1.4），设定系统压力为 20 bar，将调速阀开口位置设置在1.0 上，按下按钮 SE_2，液压缸伸出，将液压缸快速运动和工进运动的时间和压力（压力表 M_2 和 M_3）填入实验报告。

（5）液压缸返回，记录并将液压缸返回运动的时间和压力（压力表 M_2 和 M_3）填入实验报告。

（6）将调速阀开口位置设置在 2.0，按下复位按钮 SE_1，再按下启动按钮 SE_2，液压缸伸出，将液压缸快速运动和工进运动的时间和压力（压力表 M_2 和 M_3）填入实验报告。

（7）液压缸返回，将液压缸返回运动的时间和压力（压力表 M_2 和 M_3）填入实验报告。

（8）实验完成后，完全打开溢流阀，使系统压力最低。通知教师关闭系统，待系统无压力后，关闭油路总开关，拆卸液压元件和油管，并挂回相应位置。拆卸控制电路电缆线，放回原处。

（9）教师检查物品是否缺失、是否摆放整齐，液压软管要盖好测量头并挂在挂架上。实验结束。

9.6.5 实验记录与数据处理

（1）记录实验数据，填写下列表格。

液压缸		调速阀开口位置	
		1.0	2.0
快进	P_{e1}（bar）		
	P_{e2}（bar）		
	时间（s）		
工进	P_{e1}（bar）		
	P_{e2}（bar）		
	时间（s）		
快退	P_{e1}（bar）		
	P_{e2}（bar）		
	时间（s）		

（2）记录实验所用 PLC 程序，将合格的程序写入实验报告，并做相应注释。

9.6.6 实验思考题

（1）实验中两个二位四通单向阀各自起什么作用？

（2）比较实验结果，当调速阀开口位置分别在 1.0 和 2.0 时，液压缸运动速度哪个更快？为什么？

（3）PLC 控制与继电器控制有什么区别与联系？

9.7 实验 7 逆向工程实验

9.7.1 实验目的

（1）了解手持式扫描仪的自动定位和表面成像原理，明确接触式测量与非接触式测量的优缺点。

（2）掌握手持式扫描仪获取数据点云的方法，掌握配套软件进行相应参数设置和点云处理的方法。

（3）掌握实物反求的基本流程，通过实物扫描和三维软件处理，掌握逆向工程技术。

9.7.2　实验原理与内容

传统的工业产品开发遵循严谨的研发流程，从功能与规格的预期指标确定开始，构思产品的零部件，再由各个零件的设计、制造、检验，零部件组装，检验整机组装，性能测试等程序来完成。与之相反的称为逆向工程，也称反求工程、反向工程等。逆向工程具有与传统设计制造过程截然不同的设计流程。逆向工程是按照现有的零件原形进行设计生产，零件具有的几何特征与技术要求都包含在原形中；而传统的工业产品开发是按照零件承担的功能和各影响因素进行从无到有的设计。

逆向工程一般可分为四个阶段：①零件原形的数字化。通常采用三坐标测量机（CMM）或激光扫描仪等测量装置来获取零件原形表面点的三维坐标值。②从测量数据中提取零件原形的几何特征，按测量数据的几何属性对其进行分割，采用几何特征匹配与识别的方法来获取零件原形所具有的设计与加工特征。③零件原形 CAD 模型的重建。将分割后的三维数据在 CAD 系统中分别做表面模型拟合，并通过各表面片的求交与拼接获取零件原形表面的 CAD 模型。④重建 CAD 模型的检验与修正。采用根据 CAD 模型重新测量和加工样品的方法来检验重建的 CAD 模型是否满足精度或其他试验性能指标的要求，不满足要求的重复以上过程，直至达到零件逆向工程设计要求。

本实验利用手持式三维扫描仪进行非接触扫描来获取零件原形表面的原始数据，由 Vxscan 软件计算出采集数据的空间坐标，得到对应颜色，完成数据采集。从采集的数据进行分割，采用几何特征和识别方法分析零件原形的设计及加工特征。利用反求软件 Geomagic Studio 12 把分割后的三维数据进行表面模型拟合，得出实物的三维模型。

9.7.3　实验仪器

手持式三维扫描仪、学生自选扫描零件、Vxscan 软件、Geomagic Studio 12 软件。

手持式三维扫描仪的硬件如图 9−51 所示。

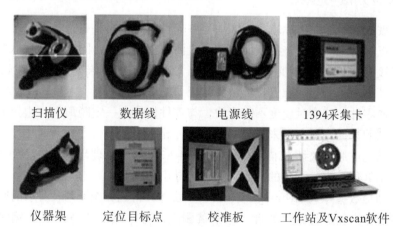

扫描仪　　　　数据线　　　　　电源线　　　　1394采集卡

仪器架　　定位目标点　　校准板　　工作站及Vxscan软件

图 9−51　三维扫描仪的硬件

（1）扫描仪的连接。先将数据线一端连接扫描仪，另一端连接电源线和 1394 采集卡。在计算机上点击测量软件，软件启动时迅速将 1394 采集卡插入电脑，当显示设备连接成功时，表示扫描仪和计算机建立好连接。如果连接失败，关闭软件，退出 1394 卡重新再试。

（2）系统校准。在校准过程中，将除校准板外的点隔离开，否则会导致校准失败。点击软件"配置"，选择"校准"即可进入校准模式。长时间不用或设备经过运输后都需要校准。校准时，要利用校准板进行，保持激光垂直于校准板，从正上方开始按下扫描按钮，以稳定缓慢的速度垂直向下或从下向上进行数据采集，当获取 10 个点时，垂直数据采集完成。再按软件提示的扫描仪姿态，依次完成前、后、左、右 4 个点的采集。校准时可根据软件界面提示姿态移动扫描仪，可快速校准。

（3）激光线的配置。扫描仪会受到外界光线和被扫描零件反光的影响，使用时应先进行激光线配置。光线设置主要调整激光功率和快门时间两个参数。调整方法有自动调节和手动调节两种。自动调节就是利用软件配合扫描仪进行调节。通常采用自动调节，点击软件"调光"选项，进入调光模式，将扫描仪垂直于被扫描零件，按下扫描仪"扫描"键，由上而下移动扫描仪，观察软件界面的显示，如图 9-52 所示，当软件显示 good 时，调光完成。然后点击"扫描"进行扫描。

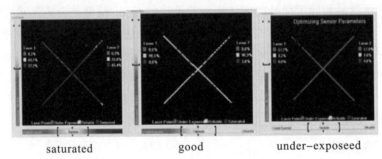

saturated   good   under-exposeed

图 9-52　三维扫描仪调光画面

9.7.4　实验方法与步骤

（1）在被扫描零件上贴标志点。如果零件较小，可将其放在背景板上而不用贴标志点。贴标志点时，应注意平整的表面少贴，曲面贴密集一些，同时记录下标志点数量。

（2）连接扫描仪与计算机，打开 Vxscan 软件，进行校准和调光。在软件上选择"扫描标志点"，扫描所有标志点，数量要与记录的一样。

（3）扫描零件，扫描时速度不能太快，与零件保持在一定距离内。边扫描边观察距离提示和得到的数据，当存在未扫描时，可再补充扫描。

（4）扫描完成后，关闭扫描仪，卸下 1394 采集卡，整理硬件。在 Vxscan 软件上进行简单切割处理，去除过多的背景数据，再导出数据。

（5）将扫描数据导入 Geomagic Studio 12 软件，得到如图 9-53 所示的原始模型。

（6）对数据点云进行删除处理，选中被删除部分，点击"Delete"。删除时，可以采用多种方式去除杂质点。杂质点去除得越理想，得到的模型效果越好。删除处理后模型如图 9-54 所示。

图 9—53　原始模型

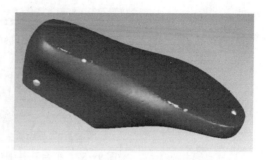

图 9—54　删除处理后的模型

（7）降噪处理。减少点的数量，降低无用点和模型偏差点的影响，使模型更加平滑。选择"减少噪音"，再选择"自由曲面形状"，平滑级别选择最大值，迭代为"2"，偏差限制为"0.5 mm"。降噪处理后的模型如图 9—55 所示。

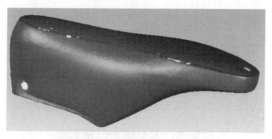

图 9—55　降噪处理后的模型

（8）填充处理。为了使模型表面更加完美，需要用软件补齐模型表面的小孔洞。填充处理后的模型如图 9—56 所示。

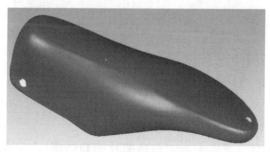

图 9—56　填充孔处理后的模型

（9）拟合孔并细化处理。点击"细化"，选择"4 倍细化"和"移动顶点"使图形更加光滑。拟合孔并细化处理后的模型如图 9—57 所示。

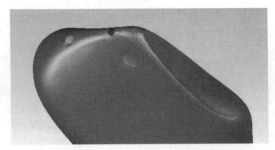

图 9-57　拟合孔并细化处理后的模型

（10）修复相交区域。自动修复模型中重合相交的部分，使模型不会出现重合区域。选择"松弛/清除"和"去除特征"，使相交三角形为 0。

（11）绘制轮廓线。点击"绘制轮廓线"，在模型上绘制轮廓线，轮廓线要尽量贴合曲面。绘制轮廓线后的模型如图 9-58 所示。

图 9-58　绘制轮廓线后的模型

（12）探测曲率。点击"探测曲率"，"指定曲面片数计数"为 200。探测曲率后的模型如图 9-59 所示。

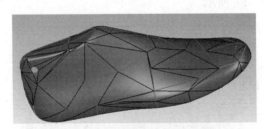

图 9-59　探测曲率后的模型

（13）构造曲片面和格栅。点击"构造曲片面和格栅"，完成后的模型如图 9-60 所示。

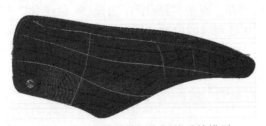

图 9-60　构造曲片面和栅格后的模型

（14）拟合曲面。点击"拟合曲面"，得到被扫描件的三维实体模型，如图 9-61 所示。

图 9-61 三维实体模型

9.7.5 实验记录与数据处理

自行选择扫描零件，记录扫描和逆向处理流程，截取每一步处理得到的模型图片。

9.7.6 实验思考题

（1）逆向工程的关键是什么？
（2）逆向工程中物体表面三维数据的获取方法有哪些？
（3）影响数据测量的误差及精度的主要因素有哪些？
（4）逆向工程技术软件和 ProE、UG 等通用三维造型软件的区别是什么？

9.8 实验 8 加工误差统计分析实验

9.8.1 实验目的

（1）掌握加工精度统计分析的基本原理和方法，运用此方法综合分析零件尺寸的变化规律。

（2）掌握直方图的作法，根据直方图作出实际分布曲线，并将其与正态分布曲线进行比较，判断加工误差性质。

（3）掌握 $\bar{x}-R$ 点图的作法，能根据图判断工序加工稳定性。

（4）学会分析影响加工零件精度的原因，提出解决方案改进工艺规程，达到提高零件加工精度的目的，进一步掌握统计分析在全面质量管理中的应用。

9.8.2 实验原理与内容

生产实际中，加工误差必然存在。加工误差按性质可分为系统误差和随机性误差。系统误差是指连续加工一批零件，误差大小及方向保持不变或按一定规律变化的误差，前者称为常值系统误差（如原理误差、制造误差、一次调整误差），后者称为变值系统误差（如机床误差、刀具热变形误差、刀具磨损误差）。随机性误差（偶然性误差）是指连续加工一批零件，误差大小和方向无规律变化，如毛坯误差，复映、定位、夹紧误差，内应力变形误差。

误差的性质不同，解决办法也不同。常值系统误差的解决办法是查明大小和方向后，通过调整来消除或人为抵消原来的误差。变值系统误差的解决办法是弄清变化规律后，通过自动补偿来解决。随机误差很难完全消除，但可采取措施缩小其影响。为了明确误差的性质，就需要对加工误差进行统计分析。在生产实际中，常用统计分析法研究加工精度。统计分析法是以现场观察所得资料为基础，主要有分布图分析法和点图分析法。

9.8.2.1 分布图分析法

根据误差数据样本绘制实验分布图（即直方图）和正态分布曲线。若分布图呈正态分布，表明加工过程中，影响不突出的随机性误差起主导作用，而变值系统误差作用不明显。若分布图的平均偏差与公差带中点坐标不重合，表明存在常值系统误差；若误差量呈非正态分布，则说明变值系统误差作用突出。

1. 直方图的绘制步骤

（1）收集数据。抽取一定的样本容量 n，如取 100 个工件，测量工件的实际尺寸，并找出 $X_{\max}$ 和 $X_{\min}$。

（2）分组。将抽取的工件按尺寸分成 k 组，通常保证每组至少有 4~5 个数据。

（3）计算组距：$h = \dfrac{X_{\max} - X_{\min}}{k}$，并圆整。

（4）计算组界：$X_{\min} + (j-1)h$（j=1，2，3，…）。计算各组中心值：$X_{\min} + (j-1)h + h/2$。

（5）统计频数为 m，计算频率 m/n、频率密度 m/h。

（6）计算样本平均值：$\bar{x} = \dfrac{\sum\limits_{i=1}^{n} x_i}{n}$；计算样本标准偏差：$\sigma = \sqrt{\dfrac{1}{n}\sum\limits_{i=1}^{n}(x_i - \bar{x})^2}$。

（7）以频率密度为纵坐标，组距 h 为横坐标，就可画出直方图，如图 9-62 所示。将直方图各矩形顶端中心点连成折线，在一定条件下，此折线接近理论分布曲线（图 9-62 中的曲线）。图中中心值 x 为本组尺寸的中心点尺寸，频数 m 为本组尺寸范围内的工件数，样本平均值 $\bar{x}$ 表示该样本的尺寸分散中心，样本标准偏差（或均方根差）σ 反映了工件尺寸的分散程度。

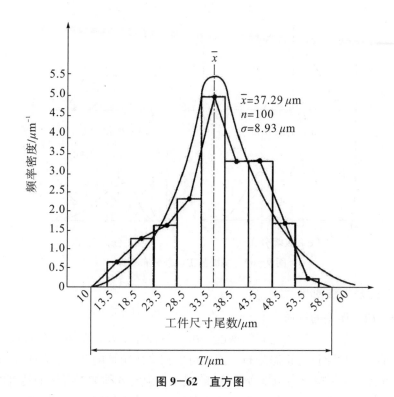

图 9-62　直方图

2. 机械加工中常见的直方图

（1）正态分布，如图 9-63（a）所示。在机械加工中，同时满足以下三个条件：无变值系统误差（或有但不显著），各随机误差之间相互独立，在随机误差中没有一个是起主导作用的误差因素。

（2）平顶分布，如图 9-63（b）所示。在影响机械加工的诸多误差因素中，如果刀具尺寸磨损的影响显著，变值系统误差占主导地位，工件的尺寸误差将呈现平顶分布。平顶分布曲线可以看成随时间平移的众多正态分布曲线组合的结果。

（3）双峰分布，如图 9-63（c）所示。若将两台机床加工的同一种工件混在一起，由于两台机床的调整尺寸不相同，其精度状态也有差异，故工件的尺寸误差呈双峰分布。

（4）偏态分布，如图 9-63（d）所示。采用试切法车削工件外圆或镗内孔时，为避免产生不可修复的废品，操作者存在主观意向；轴径加工宁大勿小，孔径加工宁小勿大。按照这种方式加工的一批零件的加工误差呈偏态分布。

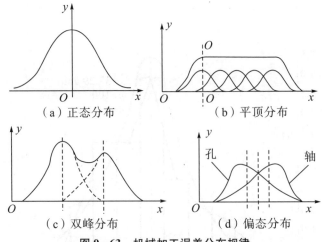

图 9-63　机械加工误差分布规律

3. 分布图分析法的应用

（1）判别加工误差的性质。

（2）确定各种加工方法能达到的精度。由于各种加工方法在随机性因素的影响下所得加工尺寸的分散规律符合正态分布，因此可以在多次统计的基础上，求得每一种加工方法的标准偏差 σ。再按分布范围等于 6σ 的规律，确定各种加工方法能达到的精度。

（3）确定工序能力及其等级。工序能力是指工序处于稳定、正常状态时，其加工误差正常波动的幅值。工序能力等级以工序能力系数 C_p（$C_p = T/6\sigma$，T 为工件尺寸公差）来表示，它代表工序能满足加工精度要求的程度，工序能力分为五级，一般情况下，工序能力不应低于二级（$C_p > 1$）。

（4）估算合格品率或不合格品率。正态分布曲线与 z 轴包围的面积代表一批工件总数 100%，当尺寸分散范围大于零件的公差 T 时，将出现废品。

4. 分布图分析法的缺点

（1）不能反映误差的变化趋势。机械加工中，随机性误差和系统误差同时存在，由于分析时没有考虑到工件加工的先后顺序，故很难区分随机性误差与变值系统误差。

（2）由于分布图分析法中抽检的是已加工完毕的工件，因此不能在加工过程中及时控制加工精度。

（3）由于分布图分析法采用随机样本，不考虑工件加工的先后顺序，因而不能反映误差大小和方向随加工顺序的变化。此外，分布图分析法是在一批工件加工结束后才进行统计分析的，它不能及时反映加工过程误差的变化，不利于实际加工中控制误差。因此，如何使工艺过程在给定运行条件和工作时间内稳定可靠地保证加工质量是一个重要问题，即工艺过程稳定性的问题。

9.8.2.2　点图分析法

按照概率论中心极限定律，无论何种分布的大样本，其中小样本的平均值趋向服从正态分布。从统计分析的一般角度，若某一项质量数据的总体分布参数（如 σ、μ）保持不变，则这一工艺过程是稳定的。因此，可通过分析样本统计特征值 $\bar{x}$、S 推知工艺过程是否稳定。样本属于同一总体，若样本统计特征值 $\bar{x}$、S 不随时间变化，则工艺过程是稳定的。总体分布参数 μ 可用样本平均值 $\bar{x}$ 的平均值 $\bar{\bar{x}}$ 估算，总体分布参数 σ 可用样本极差平均值 $\bar{R}$ 来估算。通常采用点图（控制图）法进行工艺过程稳定性的分析。

误差点图有各值点图和样组点图两类，其中样组点图较常用的是 $\bar{x}-R$ 点图（平均值－极差点图）。$\bar{x}-R$ 点图是平均值 $\bar{x}$ 控制图和极差 R 控制图联合使用的统称，前者控制工艺过程质量指标的分布中心，后者控制工艺过程质量指标的分散程度。$\bar{x}-R$ 点图的绘制方法如下：

（1）数据抽样。绘制 $\bar{x}-R$ 点图以小样本顺序随机抽样为基础，通常做法是在工艺过程进行中，每隔一定时间（如 30 min 或 1 h），从这段时间内加工的工件中随机抽取几件作为小样本，小样本容量 $N=2\sim10$，求出小样本的统计特征值的平均值和极差 R。经过一段时间后，得到 K 个小样本，通常取 $K=25$。这样，抽取样本的总容量一般不少于 100 件，以保证有较好的代表性。在实验过程中，由于时间限制，采用依次采取样本的总容量数据，再按小样本容量把总容量分成 K 组的方法来代替上述数据抽样过程。本实验随机把工件分为 K 组，代表了 K 个时间段加工的工件。

（2）绘制 $\bar{x}$ 点图和 R 点图。以分组序号为横坐标，每组误差 $\bar{x}$ 为纵坐标，绘制 $\bar{x}$ 点图；以分组序号为横坐标，每组误差最大值与最小值之差 R 为纵坐标，绘制 R 点图。$\bar{x}$、R 分别按下式计算：

$$\bar{x} = \frac{1}{n}\sum_{i=1}^{n} x_i$$

$$R = x_{max} - x_{min}$$

式中，n 为每组工件数（即小样本容量）；x_i 为误差值；x_{max}、x_{min} 为每组误差的最大值、最小值。

（3）绘制 $\bar{x}-R$ 点图的上、下控制线和中心线。根据数理统计推导，在 $\bar{x}$ 点图中，上、下控制线和中心线分别按下式计算：

$$UCL = \bar{\bar{x}} + A_2\bar{R}$$

$$LCL = \bar{\bar{x}} - A_2\bar{R}$$

$$CL = \bar{\bar{x}}$$

$$\bar{R} = \frac{1}{K}\sum_{i=1}^{K} R_i$$

$$\bar{\bar{x}} = \frac{1}{K}\sum_{i=1}^{K} \bar{x}_i$$

式中，$\bar{\bar{x}}$ 为样本平均值 $\bar{x}$ 的平均值；$\bar{x}_i$ 为第 i 个小样本的平均值；K 为小样本的个数；$\bar{R}$ 为小样本极差 R_i 的平均值；A_2 为常数，可查表得到。

在 R 点图上，R 的上、下控制线和中心线分别按下式计算：

$$UCL = D_1\bar{R}$$

$$LCL = D_2\bar{R}$$

$$CL = \bar{R}$$

式中，$\bar{R}$ 为小样本极差 R_i 的平均值；D_1、D_2 为常数，可查表得到。

（4）在 $\bar{x}-R$ 点图上作出平均线、控制线，可根据误差点的变化，判断工艺过程的稳定性。$\bar{x}-R$ 点图如图 9-64 所示。

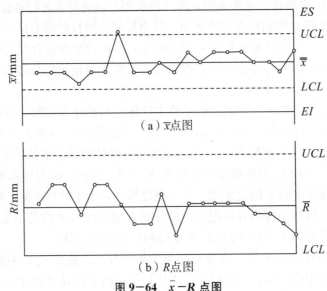

（a）$\bar{x}$ 点图

（b）R 点图

图 9-64 $\bar{x}-R$ 点图

生产过程稳定的标志为：没有点超出控制线；大部分点在中线附近波动，小部分点在控制线附近；点无明显规律性。生产过程不稳定的标志为：点超出控制线或密集在控制线附近；连续 7 个点以上出现在中线一侧；点具有明显规律性，如上升或下降倾向；点有周期性波动。

根据点的分布情况，及时查找原因并采取措施。若极差未超出控制线，说明加工中瞬时尺寸分布较稳定。若均值有点超出控制线，甚至超出公差界限，说明存在某种占优势的系统误差，过程不稳定。若点图缓慢上升，可能是系统热变形；若点图缓慢下降，可能是刀具磨损。采取措施消除系统误差后，随机性误差成主要因素，分析其原因，控制尺寸分散范围。

9.8.3　实验仪器

电感测微仪。

9.8.4　实验方法与步骤

（1）按加工顺序测量工件的加工尺寸，记录测量结果。

（2）找出这批工件加工尺寸数据的最大值和最小值，计算出极差 R。

（3）确定分组数 K，计算组距 d。确定组界（μm），并作频数分布表。

（4）计算 $\bar{x}$ 和 σ。以样本数据为横坐标，标出各组组界。以各组频率密度为纵坐标，画出直方图。

（5）画分布曲线。若工艺过程稳定，则误差分布曲线接近正态分布；若工艺过程不稳定，则应根据实际情况确定分布曲线。画出分布曲线，注意使其与直方图协调一致。

（6）画公差带。在横轴下方画出公差带，以便与分布曲线进行比较。

（7）确定样组容量，对样本进行分组，样组容量 m 通常取 4 或 5，按样组容量和加工时间顺序，将样本划分成若干组。

（8）计算各组平均值和极差，计算 $\bar{x}-R$ 点图控制限。

（9）绘制 $\bar{x}-R$ 点图。以分组序号为横坐标，分别以各组的平均值和极差为纵坐标，画出 $\bar{x}-R$ 点图，并在图上标出中心线和上、下控制线。

（10）计算工序能力系数 C_p，根据相关资料判定工艺过程稳定性。

（11）加工误差综合分析。通过对分布图和 $\bar{x}-R$ 点图的分析，可以初步判断误差的性质，进而结合具体加工条件，分析影响加工误差的各种因素，必要时可对工艺系统的误差环节进行测量和实验。

9.8.5 实验记录与数据处理

记录测量数据，完成下列表格。

原始记录

工件号	测量结果（工件直径，μm）								最大值	最小值
1～10										
11～20										
21～30										
31～40										
41～50										
51～60										
61～70										
71～80										
81～90										
91～100										
备注									最大值	最小值

频数分布

组序	组距（μm）		中心值	频率统计	频数	频率	频率密度
	从	至					
1							
2							
3							
4							

组序	组距（μm）	中心值	频率统计	频数	频率	频率密度
5						
6						
7						

$$\bar{x}-R\ 点图数据$$

组号	误差测定值（μm）					$\sum x_i$	$\bar{x}$	R
	x_1	x_2	x_3	x_4	x_5			
1								
2								
3								
4								
5								
6								
7								
8								
9								
10								
11								
12								
13								
14								
15								
16								
17								
18								
19								
20								

$\bar{x}$ 点图	R 点图	总和
$UCL = \bar{\bar{x}} + A_2\bar{R} =$ $LCL = \bar{\bar{x}} - A_2\bar{R} =$ $CL = \bar{\bar{x}} =$	$UCL = D_1\bar{R} =$ $LCL = D_2\bar{R} =$ $CL = \bar{R} =$	$\bar{x} =$ $\bar{R} =$

根据以上数据画出直方图和 $\bar{x}-R$ 点图。

9.8.6　实验思考题

（1）得到的实验分布曲线是否接近正态分布曲线？为什么？

（2）工艺过程稳定吗？如果不稳定，试分析原因。

（3）判断工序精度 6σ 能否满足加工精度要求 T，是否存在常值系统误差。

（4）常值系统误差是多少？如何调整消除常值系统误差？

参考文献

[1] 郭智兴. 材料成型及控制工程专业实验教程 [M]. 成都：四川大学出版社，2018.

[2] 拓耀飞. 机械基础实验教程 [M]. 成都：西南交通大学出版社，2016.

[3] 高卫国，朱理. 机械基础实验 [M]. 武汉：华中科技大学出版社，2006.

[4] 沈艳芝. 机械设计基础实验教程 [M]. 武汉：华中科技大学出版社，2011.

[5] 徐明聪. 机械基础实验教程 [M]. 北京：中国计量出版社，2010.

[6] 管建峰. 机械制造及控制技术基础实验 [M]. 苏州：苏州大学出版社，2009.

[7] 秦荣荣，王晓军，陈晓华. 机械工程综合实验 [M]. 北京：中国计量出版社，2006.

[8] 李素有. 机械原理机械设计实验指导书 [M]. 西安：西北工业大学出版社，2012.

[9] 王爱玲. 现代数控机床结构与设计 [M]. 北京：兵器工业出版社，2012.

[10] 李斌. 数控技术 [M]. 武汉：华中科技大学出版社，2010.

[11] 钟日明，王伟. Mastercam X9 三维造型与数控加工 [M]. 北京：机械工业出版社，2016.

[12] 行文凯，郑鹏. 数控机床实验指南 [M]. 北京：清华大学出版社，2016.

[13] 王杰，李方信，肖素梅. 机械制造工程学 [M]. 北京：北京邮电大学出版社，2012.

[14] 陈立宇. 试验设计与数据处理 [M]. 西安：西北大学出版社，2014.

[15] 张世凭. 特种加工技术 [M]. 重庆：重庆大学出版社，2014.

[16] 韩霞，杨恩源. 快速成型技术与应用 [M]. 北京：机械工业出版社，2012.

[17] 周忆. 流体传动与控制 [M]. 北京：科学出版社，2015.

[18] 杜玉红，杨文志. 液压与气压传动综合实验 [M]. 武汉：华中科技大学出版社，2009.

[19] 张萌. 液压与气压传动实验指导 [M]. 武汉：中国地质大学出版社，2016.

[20] 时连君. 液压传动与控制实验教程 [M]. 北京：中国电力出版社，2016.

[21] 韩学军，宋锦春，陈立新. 液压与气压传动实验教程 [M]. 北京：冶金工业出版社，2008.

[22] 杨叔子. 机械工程控制基础 [M]. 武汉：华中科技大学出版社，2017.

[23] 范永胜，徐鹿眉. 可编程控制器应用技术 [M]. 北京：中国电力出版社，2010.

[24] 蔡杏山，代彪. 西门子 S7－200PLC 入门知识与实践课堂 [M]. 北京：电子工业出版社，2012.

［25］靳桅，邬芝权. 单片机原理与应用实验指导书［M］. 成都：西南交通大学出版社，2011.

［26］谢小正. 串并联机器人开放实验教材［M］. 哈尔滨：哈尔滨工程大学出版社，2018.

［27］曾祥光. 机械工程测试与控制技术实验教程［M］. 成都：西南交通大学出版社，2009.

［28］傅攀，曹伟青. 工程测试实验教程［M］. 成都：西南交通大学出版社，2007.

［29］米特拉. 数字信号处理实验指导书 MATLAB 版［M］. 北京：电子工业出版社，2005.

［30］张展，温成珍，曾建锋. 齿轮检测技术［M］. 北京：机械工业出版社，2012.

［31］毛茂林，王培俊，罗大兵. 慧鱼创意模型实验教程［M］. 成都：西南交通大学出版社，2010.

［32］孙丽，曲健. 汽车发动机拆装实训［M］. 北京：机械工业出版社，2015.

［33］唐经世，高国安. 工程机械［M］. 北京：中国铁道出版社，2010.

［34］展迪优. UG NX 8.0 数控加工教程［M］. 北京：机械工业出版社，2012.

［35］李粤. 液压系统 PLC 控制［M］. 北京：化学工业出版社，2009.

［36］刘伟军，孙玉文. 逆向工程原理方法及应用［M］. 北京：机械工业出版社，2009.

［37］常秀辉，李宗岩. 机械工程实验综合教程［M］. 北京：冶金工业出版社，2010.